同济大学中德职业教育合作项目学习领域课程改革教材

AHK 德国双元制本土化学习领域课程改革教材

重庆市高等教育教学改革与研究重点项目（项目编号：202165）成果教材

校企合作、产教融合型课程改革教材

电机与电气控制技术

——工作过程系统化的学习领域课程
（知识库+工作页）

主　编　熊如意　卢江林

主　审　樊留群（同济大学）

人民交通出版社股份有限公司

北京

内 容 提 要

本教材整体按照德国双元制职业教育学习领域课程模式构建，以学习情境为引领和驱动，以企业真实设备电气控制系统作为情境载体，打造了厚基础、多模块的中德双元制本土化学习领域课程模式。依据完整工作过程和行为导向教学要求，开发设计了六步行为导向教学的工作页，与学科知识模块一起构成"知识库＋工作页"的工作过程系统化的学习领域课程教材，突出德国双元制职业教育学习领域课程教学中跨职业行为能力训练的核心思想，实现了理论知识、实践技能、综合职业能力的多维整合。

本教材适合于高等职业教育机电类专业教学使用，也可供职工培训使用，以及有关工程技术人员参考。

图书在版编目（CIP）数据

电机与电气控制技术：工作过程系统化的学习领域课程：知识库＋工作页／熊如意，卢江林主编.— 北京：人民交通出版社股份有限公司，2021.4

ISBN 978-7-114-17052-2

Ⅰ.①电… Ⅱ.①熊… ②卢… Ⅲ.①电机学—职业教育—教材②电气控制—职业教育—教材 Ⅳ.①TM3 ②TM921.5

中国版本图书馆 CIP 数据核字（2021）第 020016 号

Dianji yu Dianqi Kongzhi Jishu
——Gongzuo Guocheng Xitonghua de Xuexi Lingyu Kecheng(Zhishiku ＋ Gongzuoye)

书 名：	电机与电气控制技术——工作过程系统化的学习领域课程（知识库＋工作页）
著 作 者：	熊如意 卢江林
责任编辑：	郭晓旭
文字编辑：	周 凯
责任校对：	孙国靖 宋佳时
责任印制：	刘高彤
出版发行：	人民交通出版社股份有限公司
地 址：	(100011)北京市朝阳区安定门外外馆斜街 3 号
网 址：	http://www.ccpcl.com.cn
销售电话：	(010)59757973
总 经 销：	人民交通出版社股份有限公司发行部
经 销：	各地新华书店
印 刷：	北京虎彩文化传播有限公司
开 本：	787×1092 1/16
印 张：	15.25
字 数：	358 千
版 次：	2021 年 4 月 第 1 版
印 次：	2024 年 7 月 第 2 次印刷
书 号：	ISBN 978-7-114-17052-2
定 价：	42.00 元

（有印刷、装订质量问题的图书由本公司负责调换）

编　委　会

前 言

Foreword

本教材是同济大学中德职业教育合作项目学习领域课程改革教材、AHK 德国双元制本土化学习领域课程改革教材、重庆市高等教育教学改革与研究重点项目(项目编号:202165)成果教材和校企合作、产教融合型课程改革教材。根据典型电工、电气技术员、电气工程师岗位的工作任务特点,基于完整工作过程和行为导向教学要求开发设计了以信息、计划、决策、实施、控制和评价六步行为导向教学的工作页,与学科知识模块一起构成"知识库 + 工作页"的工作过程系统化的学习领域课程教材,实现了理论知识、实践技能、综合职业能力的多维整合,将工作环境与学习环境有机地结合在一起。

本教材特点如下:

第一,知识库 + 工作页:本教材对传统学科知识进行了整合和重构,在模块一整合了面向工程技术的知识结构和体系,在以学习情境为主体的其他模块中配套了与该学习情境联系紧密的知识导航。在每一学习情境中,以信息、计划、决策、实施、控制和评价的六步行为导向教学为手段,重点训练学生检索知识、运用知识分析具体工程技术问题和提出系统解决方案的能力,融合了德国双元制职业教育学习领域课程教学中跨职业行为能力训练的核心思想和高等职业教育面向工程技术的学术教育特点,实现了能力训练和知识教育的融合。

第二,厚基础、多模块:构建了以学科知识为主的电机与电气控制技术基础知识模块,以不同电动机电气控制系统为情境载体的电机与电气控制技术模块,以不同机床电气控制系统为情境载体的机床电气控制技术模块和以三相异步电动机的可编程逻辑控制器(PLC)控制为情境载体的简单电气控制系统的 PLC 控制模块,保证了各个模块学习情境之间的关联性和独立性。

第三,深度合作、产教融合:得力于重庆重齿机械有限责任公司刘毓高级工程师、人力资源部刘飞部长及该公司重庆市技能大师工作室和重庆市劳模创新示范工作室的大力参与,完成了本书项目的选取和素材构建,以保证教材能够对接到企业的生产过程,真正做到产教融合。

另外,在本书编写过程中,华能重庆珞璜发电有限责任公司李勇高级工程师、ABB(江津)涡轮增压系统有限公司人力资源部经理何垚燚、重庆交通职业学院张文礼高级工程师、四川汽车职业技术学院董艳军副教授、前程汽车副总经理金庭安、特瑞硕智能科技(重庆)有限公司邓社平董事长、渝交机电设备有限公司杨国培总经理对本书的编写提出了许多宝贵的意见和建议,人民交通出版社股份有限公司郭红蕊老师也给予了热情的帮助和指导,在此表示衷心的感谢!

本教材由重庆交通职业学院中德职业教育合作项目负责人熊如意和机电一体化技术专业带头人卢江林担任主编,负责组织教学团队进行学习情境开发并执笔模块一、模块二、模块三和模块四;由重庆交通职业学院张文礼高级工程师、重庆重齿机械有限责任公司刘毓高级工程师、重庆交通职业学院卢佳园讲师、四川汽车职业技术学院董艳军副教授担任副主编;邓社平、杨国培、程鹏、刘阳勇、陶洪春、李晓峰、黄慧源、谭坪、王宏、望君儒参编。本教材由同济大学中德学部德国 FESTO 基金教席主任樊留群教授担任主审。

由于编者水平有限,书中难免有疏漏和不妥之处,殷切希望读者和各位同仁提出宝贵意见。

编　者

2020 年 8 月

目 录

Contents

模块一　电机与电气控制技术基础知识

基础知识 1-1　电　　工

 学习目标

了解生活中的安全用电知识,掌握电路的基本术语,学会进行简单的电路计算,能够正确使用电工仪器、仪表。

 知识模块

涉电行业、岗位必须掌握电工基础知识。其目的是通过学习,获得有关电工技术方面必备的基本理论和技能,提高分析问题和解决问题的能力。电工基础是与电学相关课程的基石,也是从事工程技术工作的理论基础。电工基础包括电路的基本概念、直流电路、正弦交流电路、三相交流电路等相关知识。

1　直流电路

根据一定的任务,把所需的器件,用导线相连即组成电路。换言之,电流所经过的路径叫电路。

电路一般由电源、负载和中间环节组成。图 1-1 所示为手电筒电路。

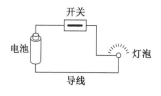

图 1-1　手电筒电路

电源:将非电能转换成电能的装置。它是电路中能量的提供者。

负载:将电能转换成非电能的装置。它是取用电能的装置,也就是用电设备。

中间环节:用来连接电源与负载,构成电流通路的环节,是用来输送、分配和控制电能的。

1.1　电路的作用

在电力、通信、计算机、信号处理、控制等各个电气工程技术领域中,都使用大量的电路来完成各种各样的任务。电路的作用大致可分为以下两方面。

电能的传输和转换:例如,电力供电系统、照明设备、电动机等。此类电路主要利用电的能量,其电压、电流、功率相对较大,频率较低,也称为强电系统。

信号的传递和处理:例如,电话、扩音机电路用来传送和处理音频信号,万用表用来测量电压、电流和电阻,计算机的存储器用来存放数据和程序。此类电路主要用于处理电信号,其电压、电流、功率相对较小,频率较高,也称为弱电系统。

1.2 电路模型

电路模型由实际电路抽象而成,它近似地反映实际电路的电气特性。电路模型由一些理想电路元件用理想导线连接而成。用不同特性的电路元件按照不同的方式连接,就构成不同特性的电路。

人们日常生活中所用的手电筒电路就是一个最简单的电路,它由干电池、灯泡、手电筒壳(连接导体)组成,如图 1-2a)所示。

干电池是将非电能(此处为化学能)转换为电能的设备,称为电源;灯泡是将电能转换成非电能(此处为光能)的设备,称为负载;开关用于接通或断开电路,起控制电路的作用;导线负责把电源与负载连接起来,它们合称为中间环节,如图 1-2b)所示。

为便于理论研究,常用与实际电气设备和元器件相对应的理想化元器件构成电路,统称为电路模型,如图 1-2c)所示。本书在进行理论分析时所指的电路,均为这种电路模型。

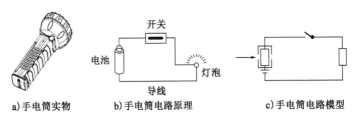

a)手电筒实物　　　b)手电筒电路原理　　　c)手电筒电路模型

图 1-2　手电筒电路建模过程

1.3 电路基本物理量

电路基本物理量汇总见表 1-1。

电路基本物理量汇总表 表 1-1

物理量	符号	定　义	常用单位	换算关系	方　向	计算公式
电流	I	单位时间里通过导体任一横截面的电量	安培(A)、千安(kA)、毫安(mA)、微安(μA)	1kA = 1000A; 1A = 1000mA; 1mA = 1000μA	电流的方向是正电荷定向运动的方向	$I = Q/t$; $I = U/R$
电压	U	若电荷 q 在电场中从 A 点移动到 B 点,电场力所做的功 W_{AB} 与电荷量 q 的比值,叫作 AB 两点间的电压	伏特(V)、千伏(kV)、毫伏(mV)、微伏(μV)	1kV = 1000V; 1V = 1000mV; 1mV = 1000μV	直流电规定电压的方向是正极到负极,也就是高电压到低电压	$U_{AB} = W_{AB}/q$; $U = IR$
电阻	R	导体对电流的阻碍作用	欧(Ω)、千欧(kΩ)、兆欧(MΩ)	1MΩ = 1000kΩ; 1kΩ = 1000Ω	—	$R = \rho L/S$; $R = U/I$

物理量	符号	定　义	常用单位	换算关系	方　向	计算公式
电功率	P	电流在单位时间内做的功	瓦特(W)、千瓦(kW)	$1kW = 1000W$	—	$P = W/t$; $P = UI$; $P = U^2/R$; $P = I^2R$
电功	W	使用电以各种形式做功(即产生能量)的多少	焦耳(J)、千瓦时(kW·h)、度	$1kW·h$ $= 3.6 \times 10^6 J$; $1kW·h = 1$度	—	$W = Pt$; $W = UIt$; $W = UQ$

2　交流电路

2.1　正弦交流电路

随时间变动的电流称为时变电流;随时间周期变动的电流称为周期性电流。在一个周期内平均值为零的周期性电流称为交变电流(简称交流电)。

如果电路中的电压、电流随时间作简谐变化,该电路就叫简谐交流电路或正弦交流电路,简称正弦电路。

单相交流电路中只具有单一的交流电压,在电路中产生的电流、电压都以一定的频率随时间变化。交流发电机(图1-3a)利用电磁感应原理工作,磁极同机座固定在一起构成定子,转动轴铁芯与线圈固定在一起构成转子。当转子以角速度 ω 转动一周时,线圈的两个边各转动经过一次 N 极和 S 极,并且因切割磁力线而产生感应电动势。根据右手定则可知,线圈经过 N 极和 S 极时,感应电动势的方向相反,且经过 N 极和 S 极时,线圈垂直切割磁力线,这时,感应电动势最大,线圈经过中心位置时,不切割磁力线,不产生感应电动势,所以转子每转一周,感应电动势的方向和大小就变化一周,即感应电动势做周期性变化,如图1-3b)所示。若线圈起始位置角度为 φ(初相角),则线圈产生的电压为: $U = U_m \sin(\omega t + \varphi)$。

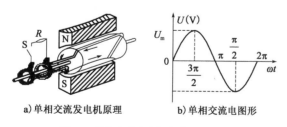

a)单相交流发电机原理　　　　b)单相交流电图形

图1-3　单相交流发电机与单相交流电

在交流电的瞬时值表达式中, U_m、ω、φ 能形象具体地描述交流电,同时也是交流电进行比较区分的依据,称为交流电的三要素。

2.2　交流电的基本物理量

交流电的基本物理量见表1-2。

交流电的基本物理量 表 1-2

名称	定义	转换关系及说明
周期	交流电变化一次所需要的时间称为周期,用 T 表示,单位为秒(s)	$f = 1/T$; $\omega = 2\pi f$; 在我国电力网供电系统中,交流电的标准频率为 50Hz,习惯上称为工频,周期为 0.02s。有些国家的电力网采用的工频为 60Hz,如日本、美国等
频率	交流电在 1s 内变化的次数称为频率,用 f 表示,单位有赫兹(Hz)、千赫(kHz)以及兆赫(MHz)	
角频率	角频率是交流电在 1s 内所经过的弧度,用 ω 表示,单位为弧度每秒(rad/s)	
瞬时值	交流电的大小随线圈的转动而变化,交流电在某一瞬时的值叫瞬时值,用小写字母表示	$U_m = \sqrt{2} \times U$; $I_m = \sqrt{2} \times I$; 实际工程中所说的交流电压、电流的大小,若无特殊说明,均指交流电的有效值。例如,交流电气设备上所标的额定电压和额定电流,电工仪表所指示或显示的数值等都是有效值
最大值	瞬时值中的最大值叫作交流电的最大值,用带下标 m 的大写字母表示,如 U_m、I_m 等	
有效值	为反映实际效果,工程上通常用有效值表示交流电的大小。有效值定义如下:分别把一个交流电流和一个直流电流通过相同的电阻 R,若在相同的时间 T 内,电阻产生的热量相等,则交流电流的有效值就和直流电流的大小相等,有效值也称方均根值,用大写字母表示	
相位	线圈在磁场中转过的角度反映了交流电变化的进程,确定了交流电每一瞬间的状态,称为相位角,简称相位	两个同频率的交流电可以进行相位之间的比较,它们间的相位之差叫相位差,用字母表示。设两个同频率的交流电流分别为: $i_u = I\sin(\omega t + \varphi_u)$,$i_m = I\sin(\omega t + \varphi_m)$ 则相位差为: $\varphi = (\omega t + \varphi_u) - (\omega t + \varphi_m) = \varphi_u - \varphi_m$ 相位差表示了两个交流电的变化进程的不同
初相角	$t = 0$ 时的相位角 φ 称为初相角,简称初相。初相与计时起点有关,计时起点不同,初相角也不同,交流电的初始状态也就不同	

正弦交流电的三要素是最大值、角频率和初相角。幅值反映正弦交流电的变化范围,角频率反映正弦交流电变化快慢,初相角反映正弦交流电的起始状态。

2.3 三相交流电

三相交流电是由三个频率相同、电势振幅相等、相位差互差 120° 角的交流电路组成的电力系统(图 1-4)。为保证发电机的稳定运行,发电机至少需要三个绕组,理论上发电的相数可以更高,但三相最经济,因此世界各国普遍使用三相发电、供电。

三相交流电依次达到正最大值(或相应零值)的顺序称为相序,顺时针按 A-B-C 的次序循环的相序称为顺序或正序,按 A-C-B 的次序循环的相序称为逆序或负序,相序是由发电机转子的旋转方向决定的,通常都采用顺序。三相发电机在并网发电时或用三相电驱动三相交流电动机时,必须考虑相序的问题,否则会引起重大事故,为了防止接线错误,低压配电线路中规定用颜色区分各相,黄色表示 A 相,绿色表示 B 相,红色表示 C 相。工程上通用的相序是正序。

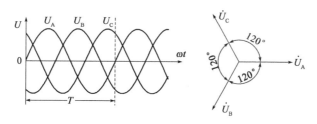

图 1-4　三相对称电源的波形图和矢量图

2.4　三相电压

每根相线(火线)与中性线(零线)间的电压叫相电压,其有效值用 U_A、U_B、U_C 表示;相线间的电压叫线电压,其有效值用 U_{AB}、U_{BC}、U_{CA} 表示。因为三相交流电源的三个线圈产生的交流电压相位相差 120°,三个线圈星形连接时,线电压等于相电压的 $\sqrt{3}$ 倍。通常讲的 220V、380V 电压,就是三相四线制供电时的相电压和线电压。

我国日常电路中,相电压是 220V、线电压是 380V($380 = \sqrt{3} \times 220$)。工程上,讨论三相电源电压大小时,通常指的是电源的线电压。如三相四线制电源电压 380V,指的是线电压 380V。

在日常生活中,我们接触的负载,如电灯、电视机、电冰箱、电风扇等家用电器及单相电动机,它们工作时都是用两根导线接到电路中,都属于单相负载。

2.5　三相负载

三相电在电源端和负载端均有星形(Y)和三角形($\triangle$)两种接法。两种接法都会有三条三相的输电线及三个电源(或负载),但电源(或负载)的连接方式不同。

日常用电系统中的三相四线制电压为 380V/220V,即线电压为 380V;相电压则随接线方式而异:若使用星形接法,相电压为 220V;三角形接法,相电压则为 380V。

2.5.1　星形接法

三相电的星形接法是将各相电源或负载的一端都接在一点上,而它们的另一端作为引出线,分别为三相电的三条相线。对于星形接法,可以将中点(称为中性点)引出作为中性线,形成三相四线制。也可不引出,形成三相三线制。当然,无论是否有中性线,都可以添加地线,分别成为三相五线制或三相四线制。

星形接法的三相电,当三相负载平衡时,即使连接中性线,其上也没有电流流过。三相负载不平衡时,应当连接中性线,否则各相负载将分压不等。

工业上用的三相交流电,有的直接来自三相交流发电机,但大多数还是来自三相变压器,对于负载来说,它们都是三相交流电源,在低电压供电时,多采用三相四线制。

在三相四线制供电时,三相交流电源的三个线圈采用星形(Y)接法,即把三个线圈的末端 X、Y、Z 连接在一起,成为三个线圈的公用点,通常称它为中点或零点,并用字母 O 表示。星形接法如图 1-5 所示。

供电时,引出四根线:从中点 O 引出的导线称为中线(中性线),居民用电中称为零线;从三个线圈的首端引出的三根导线称为 A 线、B 线、C 线,统称为相线或火线。在星形接线中,如果中点与大地相连,中线也称为地线,也叫重复接地。常见的三相四线制供电设备中引出的四根线,就是三根火线和一根地线。

我国低压供电标准为 50 Hz、380V/220V,而日本及欧洲某些国家和地区采用 60 Hz、110V 的供电标准,在使用进口电气设备时要特别注意,电压等级不符,会造成电气设备损坏。

2.5.2 三角接法

三相电的三角形接法是将各相电源或负载依次首尾相连,并将每个相连的点引出,作为三相电的三条相线。三角形接法没有中性点,也不可引出中性线,因此,只有三相三线制。三相电机的三角形接法添加地线后,成为三相四线制。三角形接法如图1-6所示。

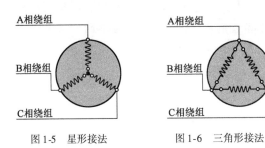

图 1-5　星形接法　　　　图 1-6　三角形接法

在三相四线制供电时,多个单相负载应尽量均衡地分别接到三相电路中去,而不应把它们集中在三根电路中的一相电路里。如果三相电路中的每一根所接的负载的阻抗和性质都相同,就说三根电路中负载是对称的。在负载对称的条件下,因为各相电流间的相位彼此相差120°。所以,在每一时刻流过中线的电流之和为零,把中线去掉,用三相三线制供电是可以的。

但实际上多个单相负载接到三相电路中构成的三相负载不可能完全对称。在这种情况下,中线显得特别重要,而不是可有可无。有了中线,每一相负载两端的电压总等于电源的相电压,不会因负载的不对称和负载的变化而变化,就如同电源的每一相单独对每一相的负载供电一样,各负载都能正常工作。

若是在负载不对称的情况下又没有中线,就会形成不对称负载的三相三线制供电。由于负载阻抗的不对称,相电流也不对称,负载相电压也自然不能对称。有的相电压可能超过负载的额定电压,负载可能被损坏(灯泡过亮烧毁);有的相电压可能低些,负载不能正常工作(灯泡暗淡无光)。随着开灯、关灯等原因引起各相负载阻抗的变化。相电流和相电压都随之而变化,灯光忽暗忽亮,其他用电器也不能正常工作,甚至被损坏。可见,在三相四线制供电的线路中,中线起到保证负载相电压对称不变的作用,对于不对称的三相负载,中线不能去掉,不能在中线上安装熔断丝或开关,而且要用机械强度较好的钢线作中线。

2.6　交流电路功率计算

常见交流电路计算公式见表1-3。

常见交流电路计算公式 表 1-3

电路	项目	公 式	单 位	说 明
单相电路	有功功率	$P = UI\cos\varphi = S\cos\varphi$	W	
	视在功率	$S = UI$	VA	
	无功功率	$Q = UI\sin\varphi$	var	U_X-相电压(V)；I_X-相电流(A)；U_L-线电压(V)；I_L-线电流(A)；$\cos\varphi$-每相的功率因数；P_A、P_B、P_C-每相的有功功率；Q_A、Q_B、Q_C-每相的无功功率
	功率因数	$\cos\varphi = \dfrac{P}{S} = \dfrac{P}{UI}$		
三相对称电路	有功功率	$P = 3U_X I_X \cos\varphi = \sqrt{3}U_L I_L \cos\varphi$	W	
	视在功率	$S = 3U_X I_X = \sqrt{3}U_L I_L$	VA	
	无功功率	$Q = 3U_X I_X \sin\varphi = \sqrt{3}U_L I_L \sin\varphi$	var	
	功率因数	$\cos\varphi = \dfrac{P}{S}$		
	换算公式	Y　　　$U_L = \sqrt{3}U_X$　　$I_L = I_X$		
		△　　　$U_L = U_X$　　$I_L = \sqrt{3}I_X$		
三相不对称电路	有功功率	$P = P_A + P_B + P_C$		
	无功功率	$Q = Q_A + Q_B + Q_C$		

3　电工仪器仪表

3.1　电流表

　　电流表是指用来测量交、直流电路中电流的仪表。在电路图中,电流表的符号为"A"。电流值以"安"或"A"为标准单位。电流表是根据通电导体在磁场中受磁场力的作用而制成的。电流表内部有一个永磁体,在极间产生磁场,在磁场中有一个线圈,线圈两端各有一个游丝弹簧,弹簧各连接电流表的一个接线柱,在弹簧与线圈间由一个转轴连接,在转轴相对于电流表的前端,有一个指针。当有电流通过时,电流沿弹簧、转轴通过磁场,电流切磁感线,所以受磁场力的作用,使线圈发生偏转,带动转轴、指针偏转。由于磁场力的大小随电流增大而增大,所以就可以通过指针的偏转程度来观察电流的大小。这就是平时实验室中常用的磁电式电流表的原理,如图1-7所示。

图1-7　磁电式电流表

　　磁电式电流表测量电流的步骤:

　　(1)校零:用一字螺丝刀调整校零按钮。

　　(2)选用量程:选用电流表时应先看清电流表量程,一般表盘上有标记。确认最小一格的基本单位,将电流表的正负接线柱接入电路后,观察指针位置。此外,选择合适量程电流表,可先试触,若指针摆动不明显,则更换小量程电流表。若指针摆动大角度,则换大量程的电流表。一般指针在表盘中间左右时,表明电流表比较合适。

　　(3)读数:看清量程并计算分度值(一般而言,量程 0~3A 分度值为 0.1A,0~0.6A 为0.02A);看清表针停留位置(一定从正面观察);最终读数需要预估算一位。

3.2 电压表

电压表是测量电压的一种仪表,由永磁体、线圈等构成。电压表是个相当大的电阻器,被认为是断路。传统的指针式电压表包括一个灵敏电流计,在灵敏电流计里面有一个永磁体,在电流计的两个接线柱之间串联一个由导线构成的线圈,线圈放置在永磁体的磁场中,并通过传动装置与表的指针相连。大部分电压表都分为两个量程。电压表有三个接线柱,一个负接线柱,两个正接线柱,电压表的正极与电路的正极连接,负极与电路的负极连接,如图1-8所示。

图1-8 指针式电压表

电压表的使用维护方法与电流表的使用维护方法类同,还应注意以下几点:

(1)测量时应将电压表并联接入被测电路。

(2)由于电压表与负载是并联的,要求内阻 R_V 远大于负载电阻 R_L。

(3)测量直流时,先把电压表的"−"端钮接入被测电路的低电位端,然后再把"+"端钮接入被测电路的高电位端。

(4)对于多量程电压表,当需要变换量程时,应将电压表与被测电路断开,再改变量程。

3.3 万用表

万用表又称为复用表、多用表、三用表、繁用表等,是一种带有整流器的、可以测量交、直流电流、电压及电阻等多种电学参量的磁电式仪表。对于每一种电学量,一般都有几个量程,如图1-9所示。万用表是由磁电式电流表(表头)、测量电路和选择开关等组成的。通过选择开关的变换,可方便地对多种电学参量进行测量。其电路计算的主要依据是闭合电路欧姆定律。万用表种类很多,使用时应根据不同的要求进行选择。

图1-9 数字式万用表

3.3.1 电压的测量

(1)直流电压的测量:如电池、随身听电源等。首先将黑表笔插进"COM"孔,红表笔插进"VΩ"。把旋钮拧到比估计值大的量程(注意:表盘上的数值均为最大量程值,"V−"表示直流电压挡,"V~"表示交流电压挡,"A"表示电流挡),接着把表笔接电源或电池两端;保持接触稳定。数值可以直接从显示屏上读取,若显示为"1.",则表明量程太小,那么就要加大量程后再测量。如果在数值左边出现"−",则表明表笔极性与实际电源极性相反,此时红表笔接的是负极。

(2)交流电压的测量:表笔插孔插法与直流电压的测量方法一样,不过应将旋钮拧到交流挡"V~"处所需的量程。交流电压无正负之分,测量方法与(1)相同。

无论测交流电压还是直流电压,都要注意操作安全,不要随便用手触摸表笔的金属部分。

3.3.2 电流的测量

(1)直流电流的测量:先将黑表笔插入"COM"孔。若测量大于200mA的电流,则要将红表笔插入"10A"插孔并将旋钮拧到直流"10A"挡;若测量小于200mA的电流,则将红表笔插入"200mA"插孔,将旋钮拧到直流200mA以内的合适量程。调整好后,就可以测量了。将万用表串联接入电路中,保持稳定,即可读数。若显示为"1.",那么就要加大量程;如果在数值左边出现"－",则表明电流从黑表笔流进万用表。

（2）交流电流的测量:测量方法与直流电流的测量相同,不过挡位应拧到交流挡位,电流测量完毕后,应将红笔插回"VΩ"孔。

3.3.3　电阻的测量

将表笔插进"COM"和"VΩ"孔中,将旋钮拧到"Ω"中所需的量程,用表笔接在电阻两端金属部位,测量中可以用手接触电阻,但不要将手同时接触电阻两端,这样会影响测量精确度（人体是电阻很大但是有限大的导体,若双手同时接触电阻两端,相当于人体与电阻并联）。

读数时,要保持表笔和电阻有良好的接触;注意单位:在"200"挡时单位是"Ω",在"2k"到"200k"挡时单位是"kΩ","2M"挡以上时单位是"MΩ"。

3.4　电能表

电能表是用来测量电能的仪表,又称电度表、火表、千瓦小时表。

电能表按其使用的电路可分为直流电能表和交流电能表。交流电能表按其相线又可分为单相电能表、三相三线电能表和三相四线电能表。

电能表按其工作原理可分为电气机械式电能表(图1-10)和电子式电能表(又称静止式电能表、固态式电能表)(图1-11)。电气机械式电能表用于交流电路作为普通的电能测量仪表,其中最常用的是感应型电能表。电子式电能表可分为全电子式电能表和机电式电能表。

图1-10　机械式电能表　　　　图1-11　电子式电能表

4　安全用电

4.1　触电事故

触电是电击伤的俗称,通常是指人体直接触及电源或高压电经过空气或其他导电介质传递电流通过人体时引起的组织损伤和功能障碍,重者发生心跳和呼吸骤停。超过1000V的高压电还可引起灼伤。闪电损伤(雷击)属于高压电损伤范畴。

引起电击伤的原因很多，主要是缺乏安全用电知识，安装和维修电器、电线不按规程操作，电线上挂吊衣物。高温、高湿和出汗使皮肤表面电阻降低，容易引起电损伤。意外事故中，电线折断落到人体及雷雨时大树下躲雨或用铁柄伞而被闪电击中，都可引起电损伤。常见触电类型以及急救措施见表1-4。

触电类型以及急救措施 表1-4

序号	触电类型	临床表现	急救措施
1	电击伤	当人体接触电流时，轻者立刻出现惊慌、呆滞、面色苍白，接触部位肌肉收缩，且有头晕、心动过速和全身乏力。重者出现昏迷、持续抽搐、心室纤维颤动、心跳和呼吸停止。有些严重电击患者当时症状虽不重，但在1h后可突然恶化。有些患者触电后，心跳和呼吸极其微弱，甚至暂时停止，处于"假死状态"，因此要认真鉴别，不可轻易放弃对触电患者的抢救	使触电者尽快脱离电源： （1）如果触电现场远离开关或不具备关断电源的条件，救护者可站在干燥木板上，用一只手抓住衣服将其拉离电源也可用干燥木棒、竹竿等将电线从触电者身上挑开； （2）如触电发生在火线与大地间，可用干燥绳索将触电者身体拉离地面，或用干燥木板将人体与地面隔开，再设法关断电源； （3）如手边有绝缘导线，可先将一端良好接地，另一端与触电者所接触的带电体相接，将该相电源对地短路。
2	电热灼伤	电流在皮肤入口处的灼伤程度比出口处严重。灼伤皮肤呈灰黄色焦皮，中心部位低陷，周围无肿、痛等炎症反应。但电流通路上软组织的灼伤常较为严重。肢体软组织大块电灼伤后，其远端组织常出现缺血和坏死，血浆肌球蛋白增高和红细胞膜损伤引起血浆游离血红蛋白增高，均可引起急性肾小管坏死性肾病	对不同情况的救治： （1）触电者神志尚清醒，但感觉头晕、心悸、出冷汗、恶心、呕吐等，应让其静卧休息，减轻心脏负担； （2）触电者神智有时清醒，有时昏迷，应静卧休息，并请医生救治； （3）触电者无知觉，有呼吸、心跳，在请医生救治的同时，应进行人工呼吸； （4）触电者呼吸停止，但心跳尚存，应进行人工呼吸；如心跳停止，呼吸尚存，应采取胸外心脏挤压法；如呼吸、心跳均停止，则须同时采用人工呼吸法和胸外心脏挤压法进行抢救
3	闪电损伤	当人被闪电击中，心跳和呼吸一般立即停止，同时伴有心肌损害。皮肤血管收缩呈网状图案，认为是闪电损伤的特征。继而出现肌球蛋白尿。其他临床表现与高压电损伤相似	

4.2 触电方式

按照人体触及带电体的方式和电流流过人体的途径，电击可以分为单相触电、两相触电和跨步电压触电，见表1-5。

常见触电方式 表1-5

触电方式	定义	示意图
单相触电	单相触电是指当人体接触带电设备或线路中的某一相导体时，一相电流通过人体经大地回到中性点，在我国，单相触电是指由单相220V交流电（民用电）引起的触电。大部分触电事故是单相触电事故	

续上表

触电方式	定　　义	示　意　图
两相触电	人体的两处同时触及两相带电体的触电事故，这时人体承受的是380V的线电压，其危险性一般比单相触电大。人体一旦接触两相带电体时，电流比较大，轻微的会引起触电烧伤或导致残疾，严重的可能导致死亡，而且两相触电致人身亡的时间只有1～2s。人体的触电方式中，以两相触电最为危险	
跨步电压触电	跨步电压触电是人站在距离高压电线落地点8～10m以内，发生的触电事故，人受到跨步电压时，电流沿着人的下身，从脚经腿、胯部又到脚，与大地形成通路	

对于跨步电压触电而言，当架空线路的一根带电导线断落在地上时，落地点与带电导线的电势相同，电流就会从导线的落地点向大地流散，于是地面上以导线落地点为中心，形成了一个电势分布区域，离落地点越远，电流越分散，地面电势也越低。如果人站在距离电线落地点8～10m以内，就可能发生触电事故。人受到跨步电压时，电流虽然是沿着人的下身，从脚经腿、胯部又到脚，与大地形成通路，看似没有经过人体的重要器官，好像比较安全。但是实际并非如此。因为人受到较高的跨步电压作用时，双脚会抽筋，使上身倒在地上。这不仅会使作用于身体上的电流增加，而且会使电流经过人体的路径改变，完全可能流经人体重要器官，如从头到手或脚。经验证明，人倒地后电流在体内持续作用超过2s，这种触电就会致命。

4.3　触电伤害

造成触电伤亡的主要因素一般有以下几方面。

4.3.1　通过人体电流的大小

电流越大，危险性越大。电流可能对人体构成多种伤害。例如，电流通过人体，人体直接接受电流能量，遭到电击；电能转换为热能作用于人体，致使人体受到烧伤或灼伤；人在电磁场照射下，吸收电磁场的能量也会受到伤害等。诸多伤害中，电击的伤害是最基本的形式。与其他一些伤害不同，电流对人体的伤害事先没有任何预兆，伤害往往发生在瞬间；而且人体一旦遭受电击后,防卫能力迅速降低。这两个特点都增加了电流伤害的危险性。电流对人体的危害见表1-6。

电流对人体的危害　　　　　　　　　　　　　　　　表1-6

电流(mA)	50Hz 交流电	直 流 电
0.6～1.5	手指开始感觉发麻	无感觉
2～3	手指感觉强烈发麻	无感觉
5～7	手指肌肉感觉痉挛	手指感灼热和刺痛
8～10	手指关节与手掌感觉痛,手已难以脱离电源(但尚能摆脱)	灼热感增加
20～25	手指感觉剧痛,迅速麻痹,不能摆脱电源,呼吸困难	灼热感增强,手的肌肉开始痉挛
50～80	呼吸麻痹,心房开始震颤	强烈灼痛,手的肌肉痉挛,呼吸困难
90～100	呼吸麻痹,持续 3min 后或更长时间后,心脏麻痹或心房停止跳动	呼吸麻痹

4.3.2　通电时间的长短

电流通过人体的时间越长,后果越严重。这是因为,时间越长,人体的电阻就会降低,电流就会增大。同时,人的心脏每收缩、扩张一次,中间有 0.1s 的时间间隙期。在这个间隙期内,人体对电流的作用最敏感。所以,触电时间越长,与这个间隙期重合的次数就越多,从而造成的伤害也就越大。

4.3.3　电流通过人体的途径

当电流通过人体的内部重要器官时,后果就会很严重。例如,通过头部,会破坏脑神经,使人死亡。通过脊髓,会破坏中枢神经,使人瘫痪。通过肺部,会使人呼吸困难。通过心脏,会引起心脏颤动或停止跳动而死亡。这几种伤害中,以心脏伤害最为严重。根据事故统计得出:电流通过人体的途径中,最危险的是从手到脚,其次是从手到手,危险最小的是从脚到脚,但可能导致二次事故的发生。

4.3.4　电流的种类

电流可分为直流电、交流电。交流电可分为工频电和高频电。这些电流对人体都有伤害,但伤害程度不同。人体忍受直流电、高频电的能力比工频电强。所以,工频电对人体的危害最大。

4.3.5　触电者的健康状况

电击的后果与触电者自身的健康状况有关。根据资料统计,肌肉发达者、成年人比儿童摆脱电流的能力强,男性比女性摆脱电流的能力强。电击对患有心脏病、肺病、内分泌失调及精神病等疾病的人最危险。另外,对触电有心理准备的人,触电伤害轻。

4.3.6　电压的影响

电压越高,危险性越大。一般情况下,不直接致死或致残的电压称作安全电压,一般环境条件下允许持续接触的"安全特低电压"是36V。行业规定,安全电压为不高于36V,持续接触安全电压为24V。所谓安全电压,是指为了防止触电事故而由特定电源供电所采用的电压系列。

安全电压应满足以下三个条件:标称电压不超过交流50V、直流120V;由安全隔离变压器供电;安全电压电路与供电电路及大地隔离。

根据生产和作业场所的特点,采用相应等级的安全电压,是防止发生触电伤亡事故的根本性措施。国家标准《特低电压(ELV)限值》(GB 3805—2008)规定,不同环境下我国安全电压额定值,本标准考虑了以下各种环境状况的影响因素。

(1)环境状况1:皮肤阻抗和对地电阻均可忽略不计(例如人体浸没条件)。

(2)环境状况2:皮肤阻抗和对地电阻降低(例如潮湿条件)。

(3)环境状况3:皮肤阻抗和对地电阻均不降低(例如干燥条件)。

(4)环境状况4:特殊状况(例如电焊、电镀)。特殊状况的定义由各有关专业标准化技术委员会规定。

表1-7给出了正常状态和故障状态下,环境状况为1～3的稳态直流电压和频率范围为15～100Hz的稳态交流时的电压限值;对于接触面积小于$1cm^2$的不可握紧部分,给出了更高的电压限值。

稳　态　电　压　限　值　　　　　　　　表1-7

环　境　状　况	电压限值(V)					
	正常(无故障)		单故障		双故障	
	交流	直流	交流	直流	交流	直流
1	0	0	0	0	16	35
2	16	35	33	70	不适用	
3	33[①]	70[②]	55[①]	140[②]	不适用	
4	特殊应用					

①对接触面积小于$1cm^2$的不可握紧部件,电压限值分别为66 V和80 V。
②在电池充电时,电压限值分别为75 V和150 V。

4.4　保护措施

4.4.1　直接触电的预防

(1)绝缘措施:良好的绝缘是保证电气设备和线路正常运行的必要条件。例如:新装或大修后的低压设备和线路,绝缘电阻不应低于0.5MΩ;高压线路和设备的绝缘电阻不低于每伏1000MΩ。

(2)屏护措施:凡是金属材料制作的屏护装置,应妥善接地或接零。

(3)间距措施:在带电体与地面间、带电体与其他设备间,应保持一定的安全间距。间距大小取决于电压的高低、设备类型、安装方式等因素。

4.4.2 间接触电的预防

（1）加强绝缘：对电气设备或线路采取双重绝缘，使设备或线路绝缘牢固。

（2）电气隔离：采用隔离变压器或具有同等隔离作用的发电机。

（3）自动断电保护：漏电保护、过流保护、过压或欠压保护、短路保护、接零保护等。

4.5 接地保护和接零保护

保护接地，是为防止电气装置的金属外壳、配电装置的构架和线路杆塔等带电危及人身和设备安全而进行的接地。所谓保护接地就是将正常情况下不带电，而在绝缘材料损坏后或其他情况下可能带电的电器金属部分（即与带电部分相绝缘的金属结构部分）用导线与接地体可靠连接起来的一种保护接线方式。

保护接地又分为接地保护和接零保护，两种不同的保护方式使用的客观环境又不同，因此如果选择使用不当，不仅会影响客户使用的保护性能，还会影响电网的供电可靠性。

接地保护，指的是将正常情况下不带电，而在绝缘材料损坏后或其他情况下可能带电的电器金属部分（即与带电部分相绝缘的金属结构部分），用导线与接地体可靠连接起来的一种保护接线方式。

接零保护，指在1kVA以下调压器中性点直接接地的电网中，一切电气设备正常情况下不带电的金属外壳以及和它相连接的金属部分与零线做可靠的电气连接。

4.6 安全用电符号

明确统一的标志是保证用电安全的重要措施之一。如果标志不统一、导线颜色不统一，就会误将相线接至设备机壳，导致机壳带电，严重的会引起伤亡事故。

安全用电标志分颜色标志和图形标志两类。颜色标志常用于区分各种不同性质、不同用途的导线，或用于表示某处的安全程度。图形标志一般用于警示人们不要接近有危险的场所，例如在配电装置的围栏上悬挂"当心触电"的三角形标志牌。为保证安全用电，必须严格按有关标准使用颜色标志和图形标志。我国安全色标采用的标准与国际标准草案（ISD）基本相同，常用安全色见表1-8，常见安全用电标志如图1-12所示。

常 用 安 全 色　　　　　　　　　　表1-8

序号	颜色	解　释	应　用
1	红色	用来表示禁止、停止和消除	如信号灯、信号旗、设备的紧急停机按钮等，都用红色表示"禁止"的信息
2	黄色	用来表示注意危险	如"当心触电""注意安全"等
3	绿色	用来表示安全无事	如"在此工作""已接地"等
4	蓝色	用来表示强制执行	如"必须戴安全帽"
5	黑色	用来表示图像、文字符号和警告标志的几何图形	

图 1-12 常见安全用电标志

复习提高

1. 已知某交流电电压为 $U = 220\sin(\omega t + \varphi)$，则这个交流电压的最大值和有效值分别为多少？

2.已知正弦交流电压为 $U=311\sin314t$，求该电压的最大值、频率、角速度和周期各为多少？

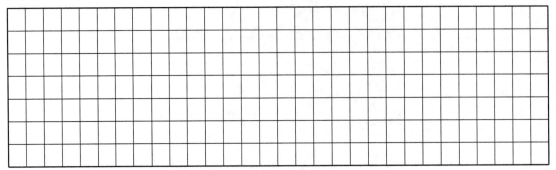

3.有3个100Ω的电阻，将它们连接成星形或三角形，分别接到线电压为380V的对称三相电源上。试求:线电压、相电压、线电压和相电流各是多少？

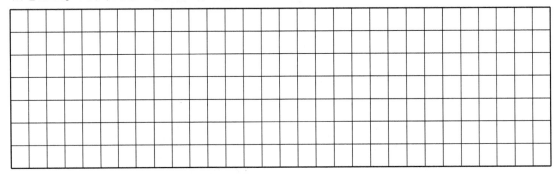

4.常见触电方式有哪些？应该怎么急救？

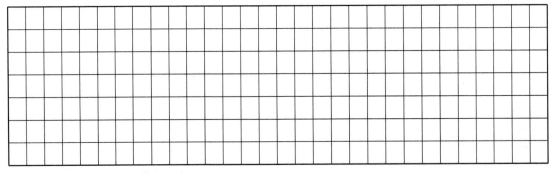

5.触电伤害的因素主要有哪些？

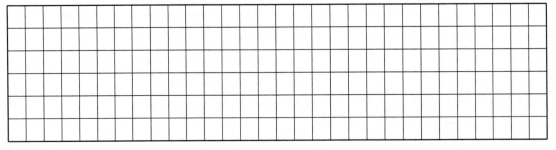

6. 常见电工仪器、仪表有哪些？简述其中一种的使用方法。

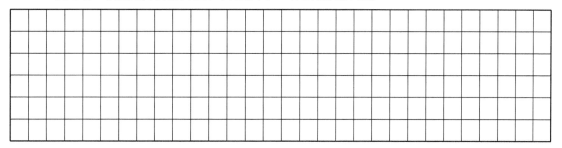

7. 常见三相负载有哪些接线方式？各自的特点是什么？

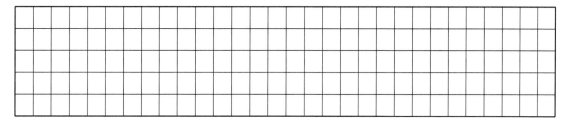

8. 常见安全用电的保护措施有哪些？

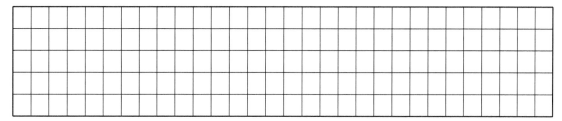

9. 常见安全用电符号有哪些？

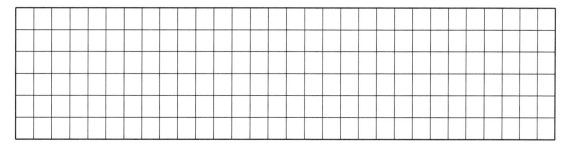

基础知识 1-2　常见低压电器

 学习目标

　　了解常用低压电器的型号、规格等知识，掌握常用低压电器的工作原理、用途、符号，学会正确选择和合理使用常用电器。

知识模块

　　低压电器是一种能根据外界的信号和要求,手动或自动地接通、断开电路,以实现对电路或非电对象的切换、控制、保护、检测、变换和调节的元件或设备。控制电器按其工作电压的高低,以交流1200V、直流1500V为界,可划分为高压控制电器和低压控制电器两大类。总的来说,低压电器可以分为配电电器和控制电器两大类,是成套电气设备的基本组成元件。在工业、农业、交通、国防等用电部门中,大多数采用低压供电,因此,电气元件的质量将直接影响到低压供电系统的可靠性。

　　低压电器的发展,取决于国民经济的发展和现代工业自动化发展的需要,以及新技术、新工艺、新材料的研究与应用。低压电器正朝着高性能、高可靠性、小型化、数模化、模块化、组合化和零部件通用化的方向发展,常见低压电气元件见表1-9。

常见低压电气元件　　　　　　　　　　　　　　　　　表1-9

序号	类别	主 要 品 种	用 途
1	主令电器	按钮	主要用于发布命令或程序控制
		限位开关	
		微动开关	
		接近开关	
		万能转换开关	
2	开关电器	刀开关	主要用于电路的隔离,有时也能分断负荷
		组合开关	
		换向开关	
3	断路器	塑料外壳式断路器	主要用于电路的过负荷保护、短路、欠电压、漏电压保护,也可用于不频繁接通和断开的电路
		框架式断路器	
		限流式断路器	
		漏电保护式断路器	
		直流快速断路器	
4	熔断器	有填料熔断器	主要用于电路短路保护,也用于电路的过载保护
		无填料熔断器	
		半封闭插入式熔断器	
		快速熔断器	
		自复熔断器	
5	接触器	交流接触器	主要用于远距离频繁控制负荷,切断带负荷电路
		直流接触器	
6	继电器	时间继电器	主要用于控制电路中,将被控量转换成控制电路所需电量或开关信号
		中间继电器	
		热继电器	
		速度继电器	
		温度继电器	

续上表

序号	类别	主 要 品 种	用 途
7	变压器	芯式变压器	主要用于电路电压的升降改变,也用于电路的隔离
		壳式变压器	
		环型变压器	
		金属箔变压器	
		换向开关	

1　主令电器

1.1　控制按钮

控制按钮是指利用按钮推动传动机构,使动触点与静触点接通或断开并实现电路换接的开关。按钮开关是一种结构简单,应用十分广泛的主令电器。在电气自动控制电路中,用于手动发出控制信号,以控制接触器、继电器、电磁起动器等,如图 1-13 所示。

图 1-13　按钮开关实物图

1.1.1　控制按钮的结构及工作原理

控制按钮一般分为自复位型按钮与二位状态按钮,其结构和原理如图 1-14 所示。

(1)自复位型按钮:自复位型按钮的特点是,按下按钮,触点动作(常开触点闭合,常闭触点断开);松开按钮,在反力弹簧的作用下,触点复位。

(2)二位状态按钮:二位状态按钮的特点是,按下按钮,触点动作;松开按钮,由于锁紧装置的锁固作用,触点被锁住不能复位,并保持动作状态。再次按下按钮,锁紧装置解开,反力弹簧使触点复位。二位状态按钮也叫作记忆按钮或自锁按钮。

1.1.2　控制按钮的电气符号

控制按钮的电气符号如图 1-15 所示。

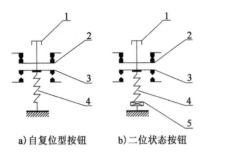
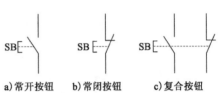

a)自复位型按钮　　　b)二位状态按钮　　　　a)常开按钮　　b)常闭按钮　　c)复合按钮

图 1-14　按钮的结构和原理图　　　　　　图 1-15　控制按钮的电气符号图

1-按键;2-常闭触点;3-常开触点;4-反力弹簧;5-锁紧装置

1.1.3　控制按钮的主要参数

(1)电流参数:在规定的环境条件下,允许其工作的最大电流值。

(2)电压参数:在规定的环境条件下,其工作的额定电压值。

1.1.4　控制按钮的选型与使用场合

常用的控制按钮有 LA2、LA18、LA20、LAY1 和 SFAN-1 型系列按钮。其中,SFAN-1 型为消防打碎玻璃按钮。LA2 系列为仍在使用的老产品,新产品有 LA18、LA19、LA20 等系列。其中,LA18 系列采用积木式结构,触点数目可按需要拼装至六常开六常闭,一般装成二常开二常闭。LA19、LA20 系列有带指示灯和不带指示灯两种,前者按钮帽用透明塑料制成,兼作指示灯罩。

1.2　行程开关

行程开关又称限位开关(图 1-16),用于控制机械设备的行程及限位保护。在实际生产中,将行程开关安装在预先安排的位置,当装于生产机械运动部件上的模块撞击行程开关时,行程开关的触点动作,实现电路的切换。因此,行程开关是一种根据运动部件的行程位置而切换电路的电器,它的作用原理与按钮类似。行程开关广泛用于各类机床和起重机械,用以控制其行程、进行终端限位保护。在电梯的控制电路中,还利用行程开关来控制开关轿门的速度、自动开关门的限位,轿厢的上、下限位保护。

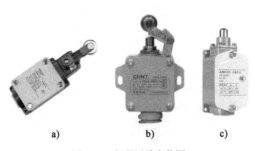

a)　　　　　　　　b)　　　　　　　　c)

图 1-16　行程开关实物图

1.2.1　行程开关的结构及工作原理

行程开关按其结构可分为直动式、滚轮式、微动式和组合式。以直动式行程开关为例,其结构和原理如图 1-17 所示,其动作原理与按钮开关相同,但其触点的分合速度取决于生产机械的运行速度,不宜用于速度低于 0.4m/min 的场所。

1.2.2 行程开关的电气符号

行程开关的电气符号如图 1-18 所示。

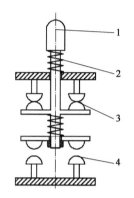

图 1-17 直动式行程开关的结构和原理图
1-推杆;2-弹簧;3-动断触点;4-动合触点

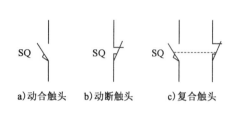

图 1-18 行程开关的电气符号图

1.2.3 行程开关的主要参数

以 LX19 系列限位开关为例,其主要技术参数见表 1-10。

LX19 系列限位开关的主要技术参数   表 1-10

型号	额定电压 (V)	额定电流 (A)	结 构 形 式	触头对数 常开	触头对数 常闭	工作行程	超行程
LX19K	交流 380 直流 220	5	元件	1	1	3mm	1mm
LX19-001	交流 380 直流 220	5	无滚轮,仅用传动杆, 能自复位	1	1	<4mm	>3mm
LXK19-111	交流 380 直流 220	5	单轮,滚轮装在传动杆内侧, 能自动复位	1	1	≤30°	≤20°

1.3 接近开关

接近式位置开关是一种非接触式的位置开关,简称接近开关。它由感应头、高频振荡器、放大器和外壳组成。当运动部件与接近开关的感应头接近时,就使其输出一个电信号,如图 1-19 所示。

接近开关分为电感式和电容式两种。

电感式接近开关的感应头是一个具有铁氧体磁芯的电感线圈,只能用于检测金属体。振荡器在感应头表面产生一个交变磁场,当金属块接近感应头时,金属中产生的涡流吸收了振荡的能量,使振荡减弱以至停振,因而产生振荡和停振两种信号,经整形放大器转换成二进制的开关信号,从而起到"开""关"的控制作用。

图 1-19 接近开关实物图

电容式接近开关的感应头是一个圆形平板电极,与振荡电路的地线形成一个分布电容,当有导体或其他介质接近感应头时,电容量增大而使振荡器停振,经整形放大器输出电信号。电容式接近开关既能检测金属,又能检测非金属及液体。

常用的电感式接近开关型号有 LJ1、LJ2 等系列,电容式接近开关型号有 LXJ15、TC 等系列产品。

1.4　万能转换开关

万能转换开关主要适用于交流 50Hz、额定工作电压 380V 及以下、直流压 220V 及以下,额定电流至 160A 的电气线路中,万能转换主要用于各种控制线路的转换、电压表、电流表的换相测量控制、配电装置线路的转换和遥控等,同时万能转换开关还可以用于直接控制小容量电动机的起动、调速和换向。总而言之,万能转换开关是用于不频繁接通与断开的电路,实现换接电源和负载,是一种多挡式、控制多回路的主令电器,如图 1-20 所示。

1.4.1　万能转换开关的结构及工作原理

万能转换开关是由多组相同结构的触点组件叠装而成的多回路控制电器,如图 1-21 所示。它由操作机构、定位装置、触点、接触系统、转轴、手柄等部件组成。

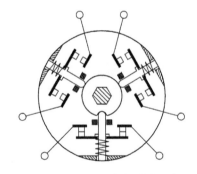

图 1-20　LW6-2 型万能转换开关实物图　　　图 1-21　万能转换开关单层结构示意图

触点是在绝缘基座内,为双断点触头桥式结构,动触点设计成自动调整式,以保证通断时的同步性,静触点装在触点座内。使用时,依靠凸轮和支架进行操作,控制触点的闭合和断开。

用手柄带动转轴和凸轮,推动触头接通或断开。由于凸轮的形状不同,当手柄处在不同位置时,触头的吻合情况不同,从而达到转换电路的目的。

1.4.2　万能转换开关的电气符号及动作关系表

根据万能转换开关的符号图和动作关系表(图 1-22、图 1-23),当转换开关向左旋转 45°时,只有一对触点是接通的,即触点①、②是接通的,其他三对触点是断开的,即触点③、④,触点⑤、⑥和触点⑦、⑧是断开的;当转换开关向右旋转 45°时,有两对触点接通,即触点③、④和触点⑦、⑧是接通的,而触点①、②和触点⑤、⑥是断开的;当转换开关旋转到中间位置 0 时,只有触点⑤、⑥接通,其他是断开的。

需要说明的是,万转开关的动作关系不是固定不变的,而是多种多样的,使用时可根据控制关系进行选择。例如,将图 1-23 所示表格中的动作关系改为,左旋 45°时,触点①、②和触点⑤、⑥接通,触点③、④和触点⑦、⑧断开;右旋 45°时,触点①、②和触点⑤、⑥断开,触点③、

④和触点⑦、⑧接通;中间位置0时,所有的触点全断开。另外,万能转换开关的旋转角度也有多种,比如四个位置型的,其旋转角度有0、45°、90°、270°,五个位置型的等。万能转换开关分单级、双极、三极、四极等,有时还有五极、六极甚至更多极,一般单极的有两对触点,即触点①、②和触点③、④,两极万能转换开关就有四对触点,即触点①、②,触点③、④,触点⑤、⑥和触点⑦、⑧。三极、四极等依此类推。

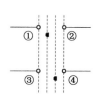

开关触点 接通情况	万能转换开关旋转位置		
	左45°	中0	右45°
①—②		×	
③—④			×
⑤—⑥		×	
⑦—⑧			×

图1-22　万能转换开关电气符号图　　　图1-23　万能转换开关动作关系表

1.4.3　万能转换开关的技术参数

(1)极数:万能转换开关的每一极有几对触点,使用时可根据设计及电路的需要选择极数。

(2)挡位:表示开关可以旋转几个位置。

(3)动作关系表:表示旋转开关在各挡位的触点闭合情况。

(4)触点工作电压:表示触点的允许工作电压。

(5)触点电流:表示触点允许通过的最大电流。

(6)触点动作关系参数:表示各对触点与开关位置之间的闭合情况。具体可参阅相关说明书。

2　刀开关

刀开关又名闸刀,一般用于不需经常切断与闭合的交、直流低压(不大于500V)电路,在额定电压下其工作电流不能超过额定值。在机床上,刀开关主要用作电源开关,它一般不用来接通或切断电动机的工作电流,如图1-24所示。

图1-24　刀开关实物图

2.1　刀开关的结构及工作原理

刀开关主要由绝缘底座、静触插座、触刀、铰链支座和操纵手柄构成。在电路上,上接线柱和静触插座是连通的,触刀和下接线柱是连通的。当触刀插入静触插座,上下接线柱连通;当触刀与静触插座分开,上下接线柱断开。刀开关是依靠手动实现触刀插入静触插座或脱离静触插座,从而实现电路的接通或断开。

刀开关按电路的要求分单极、双极和三极等几种。为了电路的安全和方便实用,有些刀开关上还设计有熔断器或熔断体,构成既有通、断电路,又有保护作用的熔断式刀开关。

2.2　刀开关的电气符号

刀开关和低压断路器有单极、双极、三极和四极等多种规格,图1-25中只给出了三极的符号图,各极数的电气符号的区别仅仅是极数的不同。

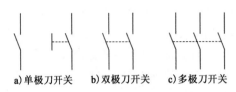

a)单极刀开关　　b)双极刀开关　　c)多极刀开关

图 1-25　刀开关的电气符号图

2.3　刀开关的主要参数

(1)电流参数:在规定的环境条件下,允许其工作的最大电流值。

(2)电压参数:在规定的环境条件下,其工作的额定电压值。

3　断路器

断路器是一种不仅可以接通和分断正常负荷电流和过负荷电流,而且还可以接通和分断短路电流的开关电器。断路器在电路中除起控制作用外,还具有一定的保护功能,如过负荷、短路、欠压和漏电保护等。低压断路器的分类方式很多,按使用类别分,有选择型(保护装置参数可调)和非选择型(保护装置参数不可调);按灭弧介质分,有空气式和真空式(目前国产多为空气式)。断路器容量范围很大,最小为4A,而最大可达5000A。低压断路器广泛应用于低压配电系统各级馈出线,用作各种机械设备的电源控制和用电终端的控制和保护,如图1-26所示。

a)微型断路器　　　b)塑壳断路器　　　c)框架式断路器

图 1-26　低压断路器实物图

3.1　低压断路器的结构及工作原理

低压断路器由触点系统、脱扣机构、灭弧装置和操作机构构成。触点起到电路的通断作用。脱扣机构有多种形式,例如过流脱扣器、热过载脱扣器、欠压脱扣器、分励脱扣器等。和接触器灭弧装置的作用类似,低压断路器的灭弧装置也是为防止触点接通或断开时所产生的电弧造成触点间短路所设计的。操作机构分手柄操作、杠杆操作、电磁铁操作和电动机操作几种,如图1-27所示。

当通过断路器的电流超出其规定的电流值时,过流脱扣器绕组的电流增大,衔铁11吸合;过载时,热过载脱扣器的双金属片进一步受热膨胀后,弯曲加大;当电压欠压时,可使欠压脱扣器动作,其衔铁7因电压降低,吸力不够,在反力弹簧6的作用下而释放。上述情况中,不论哪种情况发生,都将带动连杆5向上移动,使搭扣与锁钩脱开,从而使断路器的触点在反力弹簧13的作用下断开,切断故障电路,起到保护的目的。因此,断路器在功能上相当于刀开关、热继电器、过电流继电器和欠压继电器的组合,能有效地对负载电路进行短路、过载以及欠电压保护,也可用于不频繁地接通、分断电路。

分励脱扣器的设计,主要是为了实现断路器的远距离操作和控制。正常工作时,该脱扣器的线圈是断电的,当按下相应的按钮时,脱扣器线圈得电,衔铁吸合,带动杠杆移动,使搭扣脱开,主触点断开。

另外,目前还有微型断路器,以满足小电流用户的使用需要。微型断路器在极数上分单极、双极、三极和四极等;在使用场合上分照明、动力两种;在漏电保护上分普通型和漏电保护型。

3.2　低压断路器的电气符号

低压断路器有单极、双极、三极和四极等多种规格,图1-28所示为三极低压断路器的符号图,各极数的电气符号的区别仅仅是极数的不同。

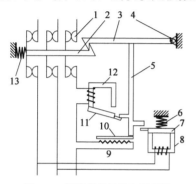

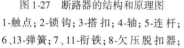

图1-27　断路器的结构和原理图

1-触点;2-锁钩;3-搭 扣;4-轴;5-连 杆;
6、13-弹簧;7、11-衔铁;8-欠压脱扣器;
9-热阻丝;10-双金属片;12-过电流脱扣器

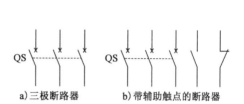

图1-28　低压断路器的电气符号图

3.3　低压断路器的主要参数

(1)电流参数:在规定的环境条件下,允许其工作的最大电流值。

(2)电压参数:在规定的环境条件下,其工作的额定电压值。

3.4　低压断路器的典型产品

低压断路器主要分类方法是以结构形式分类,即开启式和装置式两种。开启式又称为框架式或万能式,装置式又称为塑料壳式。

(1)装置式断路器。装置式断路器有绝缘塑料外壳,内装触点系统、灭弧室及脱扣器等,可手动或电动(对大容量断路器而言)合闸。有较高的分断能力和动稳定性,有较完善的选择性保护功能,广泛用于配电线路。

目前,常用的有DZ15、DZ20、DZX19和C45N(目前已升级为C65N)等系列产品。其中,C45N(C65N)断路器具有体积小、分断能力高、限流性能好、操作轻便,型号规格齐全、可以方便地在单极结构基础上组合成二极、三极、四极断路器的优点,广泛使用在60A及以下的民用照明支干线及支路中(多用于住宅用户的进线开关及商场照明支路开关)。

(2)框架式断路器。框架式断路器一般容量较大,具有较高的短路分断能力和较高的动稳定性。适用于交流50Hz,额定电流380V的配电网络中,作为配电干线的主保护。

框架式断路器主要由触点系统、操作机构、过电流脱扣器、分励脱扣器及欠压脱扣器、附件及框架等部分组成,全部组件进行绝缘后装于框架结构底座中。目前,我国常用的有DW15、

ME、AE、AH 等系列的框架式低压断路器。DW15 系列断路器是我国自行研制生产的,全系列具有 1000A、1500A、2500A 和 4000A 等几个型号。ME、AE、AH 等系列断路器是利用引进技术生产的。它们的规格型号较为齐全(ME 开关电流等级从 630～5000A 共 13 个等级),额定分断能力较 DW15 更强,常用于低压配电干线的主保护。

(3)智能化断路器。目前,国内生产的智能化断路器有框架式和塑料外壳式两种。框架式智能化断路器主要用于智能化自动配电系统中的主断路器,塑料外壳式智能化断路器主要用在配电网络中分配电能和作为线路及电源设备的控制与保护,亦可用作三相笼型异步电动机的控制。智能化断路器的特征是采用了以微处理器或单片机为核心的智能控制器(智能脱扣器),它不仅具备普通断路器的各种保护功能,同时还具备实时显示电路中的各种电气参数(电流、电压、功率、功率因数等),对电路进行在线监视、自行调节、测量、试验、自诊断、可通信等功能,能够对各种保护功能的动作参数进行显示、设定和修改,保护电路动作时的故障参数能够存储在非易失存储器中以便查询。

3.5 低压断路器的选用原则

(1)根据线路对保护的要求,确定断路器的类型和保护形式,即确定选用框架式、装置式或限流式等。

(2)断路器的额定电压 U_N 应大于或等于被保护线路的额定电压。

(3)断路器欠压脱扣器额定电压应等于被保护线路的额定电压。

(4)断路器的额定电流及过流脱扣器的额定电流应大于或等于被保护线路的计算电流。

(5)断路器的极限分断能力应大于线路的最大短路电流的有效值。

(6)配电线路中的上、下级断路器的保护特性应协调配合,下级的保护特性应位于上级保护特性的下方且不相交。

(7)断路器的长延时脱扣电流应小于导线允许的持续电流。

4 熔断器

熔断器是指当电流超过规定值时,以本身产生的热量使熔体熔断,断开电路的一种电器。熔断器是根据电流超过规定值一段时间后,以其自身产生的热量使熔体熔化,从而使电路断开的原理制成的一种电流保护器。熔断器广泛应用于高低压配电系统和控制系统以及用电设备中,作为短路和过电流的保护器,是应用最普遍的保护器件之一,熔断器典型产品见表 1-11。

熔断器典型产品　　　　　　　　　　　　　　　　　　　　　表 1-11

熔断器典型产品	产品特性	产品实物图
插入式熔断器	常用于 380V 及以下电压等级的线路末端,作为配电支线或电气设备的短路保护用	
螺旋式熔断器	熔体的上端盖有一熔断指示器,一旦熔体熔断,指示器马上弹出,可透过瓷帽上的玻璃孔观察到。常用于机床电气控制设备中,分断电流较大,可用于电压等级 500V 及其以下、电流等级 200A 以下的电路中,作为短路保护	

熔断器典型产品	产　品　特　性	产品实物图
封闭式熔断器 （封闭式熔断器分 有填料式和无填料式 两种）	有填料封闭式熔断器一般用方形瓷管,内装石英砂及熔体,分断能力强,用于电压等级 500V 以下、电流等级 1kA 以下的电路中	
	无填料封闭式熔断器将熔体装入密闭式圆筒中,分断能力稍小,用于 500V 以下,600A 以下电力网或配电设备中	
快速熔断器	主要用于半导体整流元件或整流装置的短路保护。由于半导体元件的过载能力很低,只能在极短时间内承受较大的过载电流,因此要求短路保护具有快速熔断的能力。快速熔断器的结构和有填料封闭式熔断器基本相同,但熔体材料和形状不同,它是以银片冲压的有 V 形深槽的变截面熔体	
自复熔断器	自复熔断器采用金属钠作为熔体,在常温下具有高电导率。当电路发生短路故障时,短路电流产生高温,使钠迅速汽化,气态钠呈现高阻态,从而限制了短路电流。当短路电流消失后,温度下降,金属钠恢复原来的良好导电性能。自复熔断器只能限制短路电流,不能真正分断电路。其优点是不必更换熔体,能重复使用	

4.1 熔断器的结构及工作原理

熔断器主要由熔体和安装熔体的外壳组成。熔体通常采用银、铜、铅、铅锡合金、锌等材料制成。由于这些材料具有熔点低的特点,所以当电流通过时所产生的热量达到一定值时,可将其熔化。

一般在制作熔体时,根据熔体所规定的允许通过的电流额定值,将其做成一定直径或截面的丝状结构或片状结构。在使用时,熔断器被串联在电路中。当电路正常工作时,流经熔断器的电流所产生的发热温度低于熔体的熔化温度,熔体长期工作不会熔断;当电流大于熔体所规定的电流值时,熔体温度急剧上升并超出其熔点而被熔断,从而断开电路起到保护作用。如果流过熔断器的电流,超出其额定值越大,熔体熔断的速度就会越快。

4.2 熔断器的反时限特性

熔断器的反时限特性也称为安-时特性,是熔断器的保护特性,主要指熔断器的电流值与熔断时间的关系,特性曲线如图1-29所示。由图可知,当流过熔体的电流值小于其额定值 I_N 时,熔断器熔体的熔断时间在纵坐标上是无穷的,即不会熔断;当流过熔体的电流值 I_1 大于 I_N 时,其熔断的时间为 t_1;如果熔断器的工作电流值比 I_1 还大,为 I_2 时,此时熔断器熔体被熔断所用的时间 t_2,就比 I_1 所用的时间 t_1 还要小,即流过熔断器熔体的电流,超出其额定值越大,熔断器熔体被熔断的时间就越快。

4.3 熔断器的电气符号

熔断器的电气符号如图1-30所示。

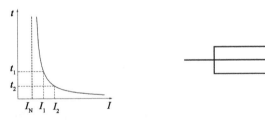

图1-29 一般熔断器的安-时特性曲线 　　　　　图1-30 熔断器的电气符号图

4.4 熔断器的主要参数

(1)额定电流:允许熔断器长期工作而不会被熔断的电流值。如果熔断器的工作电流超出其额定值,由于温升增加,熔断器会被熔断;电流超出其额定值越大,温升越高,被熔断的速度也就越快。

(2)额定电压:允许熔断器工作的工作电压值。超出其额定电压,熔断器会被损坏。

4.5 熔断器的安-时特性

熔断器的动作是靠熔体的熔断来实现的,当电流较大时,熔体熔断所需的时间就较短。而电流较小时,熔体熔断所需用的时间就较长,甚至不会熔断。每一个熔体都有一个最小熔化电流。相应于不同的温度,最小熔化电流也不同。虽然该电流会受外界环境的影响,但在实际应用中可以不加考虑。一般定义熔体的最小熔断电流与熔体的额定电流之比为最小熔化系数,常用熔体的熔化系数大于1.25,也就是说额定电流为10A的熔体在电流12.5A以下时不会熔断。熔断电流与熔断时间之间的关系见表1-12。

熔断电流与熔断时间之间的关系 表1-12

熔断电流	$1.25 \sim 1.3 I_N$	$1.6 I_N$	$2 I_N$	$2.5 I_N$	$3 I_N$	$4 I_N$
熔断时间	∞	1h	40s	8s	4.5s	2.5s

从这里可以看出,熔断器只能起到短路保护作用,不能起过载保护作用。如确需在过载保护中使用,必须降低其使用的额定电流,如8A的熔体用于10A的电路中,作为短路保护兼作过载保护用,但此时的过载保护特性并不理想。

4.6 熔断器的选择

熔断器的选择主要依据负载的保护特性和短路电流的大小选择熔断器的类型。对于容量小的电动机和照明支线,常采用熔断器作为过载及短路保护,因而希望熔体的熔化系数适当小些。通常,选用铅锡合金熔体的RQA系列熔断器。对于较大容量的电动机和照明干线,则应着重考虑短路保护和分断能力。通常,选用具有较高分断能力的RM10和RL1系列的熔断器;当短路电流很大时,宜采用具有限流作用的RT0和RT12系列的熔断器。

熔体的额定电流可按以下方法选择:

(1)保护无启动过程的平稳负载,如照明线路、电阻、电炉等时,熔体额定电流略大于或等于负荷电路中的额定电流。

(2)保护单台长期工作的电机熔体电流可按最大启动电流选取,也可按下式选取:

$$I_{RN} \geqslant (1.5 \sim 2.5) I_N$$

式中:I_{RN}——熔体额定电流;

I_N——电动机额定电流。

如果电动机频繁启动,式中系数可适当加大至3~3.5,具体应根据实际情况而定。

(3)保护多台长期工作的电机(供电干线)。

$$I_{RN} \geqslant (1.5 \sim 2.5) I_{Nmax} + \sum I_N$$

式中:I_{Nmax}——容量最大单台电机的额定电流;

$\sum I_N$——其余电机额定电流之和。

(4)熔断器的级间配合。为防止发生越级熔断、扩大事故范围,上、下级(即供电干、支线)线路的熔断器间应有良好配合。选时,应使上级(供电干线)熔断器的熔体额定电流比下级(供电支线)的大1~2个级差。

常用的熔断器有管式熔断器R1系列、螺旋式熔断器RL1系列、填料封闭式熔断器RT0系列及快速熔断器RS0、RS3系列等。

5 接触器

接触器是一种用来自动接通或断开大电流电路的电器。它可以频繁地接通或切断交直流电路,并可实现远距离控制。其主要控制对象是电动机,也可用于电热设备、电焊机、电容器组等其他负载。它还具有低电压释放保护功能,接触器具有控制容量大、过载能力强、寿命长、设备简单经济等特点,是电力拖动自动控制线路中使用最广泛的电气元件。

按照所控制电路的种类、接触器可分为交流接触器和直流接触器两大类。

5.1 交流接触器

交流接触器因为可快速切断交流与直流主回路,同时可频繁地接通与关断大电流控制(达800A)电路的装置,所以经常用于电动机,作为控制对象,也可用作控制工厂设备、电热器、工作母机和各样电力机组等电力负载,接触器不仅能接通和切断电路,而且还具有低电压释放保护作用。接触器控制容量大,适用于频繁操作和远距离控制,是自动控制系统中的重要元件之一,如图1-31所示。在工业电器中,接触器的型号很多,工作电流在5~1000A不等,且用途相当广泛。

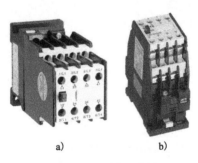

a)   b)

图1-31　小型接触实物图

5.1.1 交流接触器的结构及工作原理

交流接触器由线圈、铁芯、衔铁、反力弹簧以及导体等部件组成,如图1-32所示。

当线圈7得电,铁芯8产生磁力,衔铁5受磁力的作用与铁芯8吸合,绝缘体带动触点系统向下移动,导致常闭触点1断开,常开触点4闭合,如图1-33a)所示。

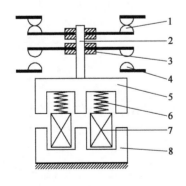

图1-32　接触器的结构示意图
1-常闭触点;2-绝缘体;3-导体;4-常开触点;5-衔铁;6-反力弹簧;7-铁芯线圈;8-铁芯

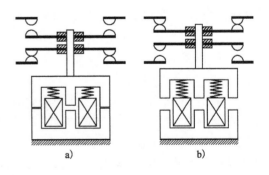

a)   b)

图1-33　接触器动作图

当线圈7失电,铁芯8的磁力消失,衔铁5在反力弹簧6的作用下,复位(弹回)到原位,绝缘体带动触点系统向上移动,导致常开触点4断开,常闭触点1闭合,如图1-34b)所示。

5.1.2 交流接触器的电气符号

(1)电磁系统:电磁系统由线圈、E形静铁芯和衔铁芯组成。当接触器线圈通电后,线圈电流会产生磁场,产生的磁场使静铁芯产生电磁吸力吸引动铁芯,并带动交流接触器点动作,其电气符号如图1-34a)所示。

(2)主触点:接触器的主触点是给主回路供电的导体的接触部分,该导体和导体之间接触点的截面均设计得较大,可以流经较大的电流(一般交流接触器的主触点可流过9～630A),并且为了避免接触器动作时产生电弧造成触点彼此间短路,各主触点之间还设计有灭弧罩。一般交流接触器的主触点为3个,以满足三相交流供电需要。注意:交流接触器的主触点必须是常开触点,其电气符号如图1-34b)所示。

(3)辅助常开触点(NO):辅助触点的作用是用来起信号或者控制作用的,所以其电流通过能力比较小,一般只有2～5A,并且没有灭弧罩。接触器辅助触点的数量不是固定的,不同规格的接触器,辅助触点也不尽相同,例如CJ20-40型号的接触器,就有常开和常闭辅助触点各2对,而CJ20-400型号接触器的辅助触点为常开3对,常闭2对。常开触点的特点是,在接触器的线圈失电状态下,触点是断开的。当线圈得电,常开触点闭合,如图1-34c)所示。

(4)辅助常闭触点(NC):常闭触点的特点是,在接触器的线圈失电状态下,触点是通的。当线圈得电,常闭触点断开,其电气符号如图1-34d)所示。

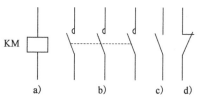

图1-34 接触器的电气符号图

5.1.3 交流接触器的主要参数

(1)额定电压:指主触点额定工作电压,应等于负载的额定电压。一只接触器常规定几个额定电压,同时列出相应的额定电流或控制功率。通常,最大工作电压即为额定电压。常用的额定电压值为220V、380V、660V等。

(2)额定电流:接触器触点在额定工作条件下的电流值。380V三相电动机控制电路中,额定工作电流可近似等于控制功率的两倍。常用额定电流等级为5A、10A、20A、40A、60A、100A、150A、250A、400A、600A。

(3)通断能力:可分为最大接通电流和最大分断电流。最大接通电流是指触点闭合时不会造成触点熔焊时的最大电流值;最大分断电流是指触点断开时能可靠灭弧的最大电流。一般通断能力是额定电流的5～10倍。当然,这一数值与开断电路的电压等级有关,电压越高,通断能力越小。

(4)动作值:可分为吸合电压和释放电压。吸合电压是指接触器吸合前,缓慢增加吸合线圈两端的电压,接触器可以吸合时的最小电压。释放电压是指接触器吸合后,缓慢降低吸合线圈的电压,接触器释放时的最大电压。一般规定,吸合电压不低于线圈额定电压的85%,释放电压不高于线圈额定电压的70%。

(5)吸引线圈额定电压:接触器正常工作时,吸引线圈上所加的电压值。一般该电压数值以及线圈的匝数、线径等数据均标于线包上，而不是标于接触器外壳铭牌上，使用时应加以注意。

（6）操作频率：接触器在吸合瞬间，吸引线圈需消耗比额定电流大 5～7 倍的电流，如果操作频率过高，则会使线圈严重发热，直接影响接触器的正常使用。为此，规定了接触器的允许操作频率，一般为每小时允许操作次数的最大值。

（7）寿命：包括电寿命和机械寿命。目前，接触器的机械寿命已达 1000 万次以上，电气寿命约是机械寿命的 5%～20%。

5.1.4 交流接触器的型号说明

交流接触器的型号说明，如图 1-35 所示。以 CJ10Z-40/3 型交流接触器为例，其含义为设计序号 10，重任务型，额定电流 40A，主触点为 3 极。CJ12T-250/3 型交流接触器，其含义为改型后的交流接触器，设计序号 12，额定电流 250A，3 个主触点。

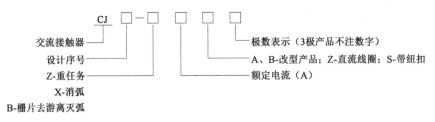

图 1-35　交流接触器的型号说明

我国常用的交流接触器有 CJ10、CJ12、CJX1、CJ20 等系列及其派生系列产品，CJ0 系列及其改型产品已逐步被 CJ20、CJX 系列产品取代。上述系列产品一般具有 3 对常开主触点，常开、常闭辅助触点各两对。直流接触器常用的有 CZ0 系列，分单极和双极两大类，常开、常闭辅助触点各不超过两对。

除以上常用系列外，我国近年来还引进了一些生产线，生产了一些满足国际电工委员会（IEC）标准的交流接触器，下面进行简单介绍。

CJ12B-S 系列锁扣接触器用于交流 50Hz、电压 380V 及以下、电流 600A 及以下的配电电路中，供远距离接通和分断电路用，并适宜于不频繁启动和停止的交流电动机。具有正常工作时吸引线圈不通电、无噪声等特点，其锁扣机构位于电磁系统的下方。锁扣机构靠吸引线圈通电，吸引线圈断电后靠锁扣机构保持在锁住位置。由于线圈不通电，不仅无电力损耗，而且消除了磁噪声。

由德国引进的西门子公司的 3TB 系列、BBC 公司的 B 系列交流接触器等，主要供远距离接通和分断电路，并适用于频繁启动及控制的交流电动机。3TB 系列产品具有结构紧凑、机械寿命和电气寿命长、安装方便、可靠性高等特点，额定电压为 220～660V，额定电流为 9～630A。

5.1.5 交流接触器的选用

交流接触器的选用，应根据负荷的类型和工作参数合理选用。具体分为以下步骤：

（1）选择接触器的类型：交流接触器按负荷种类一般分为一类、二类、三类和四类，分别记为 AC_1、AC_2、AC_3 和 AC_4。一类交流接触器对应的控制对象是无感或微感负荷，如白炽灯、电阻炉等；二类交流接触器用于绕线式异步电动机的启动和停止；三类交流接触器的典型用途是笼型异步电动机的运转和运行中分断;四类交流接触器用于笼型异步电动机的启动、反接制动、反转和点动。

(2)选择接触器的额定参数:根据被控对象和工作参数,如电压、电流、功率、频率及工作制等确定接触器的额定参数。

①接触器的线圈电压,一般应低一些为好,这样对接触器的绝缘要求可以降低,使用时也较安全。但为了方便和减少设备,常按实际电网电压选取。

②电动机的操作频率不高,如压缩机、水泵、风机、空调、冲床等,接触器额定电流大于负荷额定电流即可。接触器类型可选用 CJ10、CJ20 等。

③对重任务型电机,如机床主电机、升降设备、绞盘、破碎机等,其平均操作频率超过 100 次/min,运行于启动、点动、正反向制动、反接制动等状态,可选用 CJ10Z、CJ12 型的接触器。为了保证电寿命,可使接触器降容使用。选用时,接触器额定电流大于电机额定电流。

④对特重任务电机,如印刷机、镗床等,操作频率很高,可达 600 ~ 12000 次/h,经常运行于启动、反接制动、反向等状态,接触器大致可按电寿命及启动电流选用,接触器型号选 CJ10Z、CJ12 等。

⑤交流回路中的电容器投入电网或从电网中切除时,接触器选择应考虑电容器的合闸冲击电流。一般来说,接触器的额定电流可按电容器的额定电流的 1.5 倍选取,型号选 CJ10、CJ20 等。

⑥用接触器对变压器进行控制时,应考虑浪涌电流的大小。例如,交流电弧焊机、电阻焊机等,一般可按变压器额定电流的 2 倍选取接触器,型号选 CJ10、CJ20 等。

⑦对于电热设备,如电阻炉、电热器等,负荷的冷态电阻较小,因此启动电流相应要大一些。选用接触器时可不用考虑(启动电流),直接按负荷额定电流选取,型号可选用 CJ10、CJ20 等。

⑧由于气体放电灯启动电流大、启动时间长,对于照明设备的控制,可按额定电流 1.1 ~ 1.4 倍选取交流接触器,型号可选 CJ10、CJ20 等。

⑨接触器额定电流是指接触器在长期工作下的最大允许电流,持续时间≤8h,且安装于敞开的控制板上,如果冷却条件较差,选用接触器时,接触器的额定电流按负荷额定电流的 110% ~ 120% 选取。对于长时间工作的电机,由于其氧化膜没有机会得到清除,使接触电阻增大,导致触点发热超过允许温升。实际选用时,可将接触器的额定电流减小 30% 使用。

5.2 直流接触器

直流接触器的结构和工作原理基本上与交流接触器相同。在结构上也是由电磁机构、触点系统和灭弧装置等部分组成。由于直流电弧比交流电弧难以熄灭,直流接触器常采用磁吹式灭弧装置灭弧。其型号说明如图 1-36 所示。

6 继电器

继电器是根据某种输入信号的变化,接通或断开控制电路,实现自动控制和保护电力装置的自动电器。继电器的种类很多,按输入信号的性质分为:热继电器、中间继电器、时间继电器、速度继电器等。

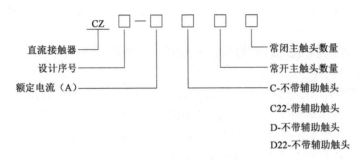

图1-36 直流接触器型号说明

6.1 热继电器

热继电器主要用于对电路中的用电设备或电机进行长期过载保护,所谓过载是指用电设备或电机的电流大于其额定电流。造成过载的原因有电机负载过大、三相电机缺相、欠压运行等。当长时间过载时,电机发热,热继电器动作,切断接触器控制电路,保护电机。热继电器作为电动机的过载保护元件,以其体积小、结构简单、成本低等优点在生产中得到了广泛应用,如图1-37所示。

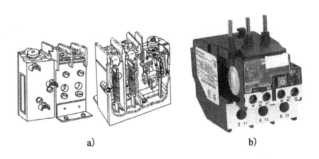

图1-37 热继电器的结构图与实物图

6.1.1 热继电器的结构及工作原理

热继电器由弹簧、双金属片、发热元件、触点、电流调节盘等部件组成。其中,双金属片是由两种不同膨胀系数的金属制成,左侧为低膨胀系数的金属层,右侧为高膨胀系数的金属层,热继电器就是利用具有两层不同膨胀系数的双金属片在受热时发生弯曲而操作执行机构动作的,如图1-38所示。

当发热元件(电阻丝)中的电流大到一定值并经过一定时间时,发热元件1发出的热量使双金属片2向左弯曲,带动连动片3向左移动。同时,温度补偿片6在连动片的作用下,以点为中心顺时针转动,导致常闭触点4打开,动作完毕。当发热元件中的电流小于额定电流时,即发热元件发出的热量减少,双金属片恢复原位,温度补偿片3在弹簧7的作用下要恢复原位,但此时凸盘的凸起部分被复位按钮10挡住,无法恢复原位。故动触点不能恢复原状,即故障消除后,热继电器不能自动复位。要复位必须通过复位按钮,使凸盘逆时针转动,凸盘凸起部分抬起,温度补偿片3在弹簧7的作用下恢复原位,同时触点也恢复原位,为下次工作做好准备。

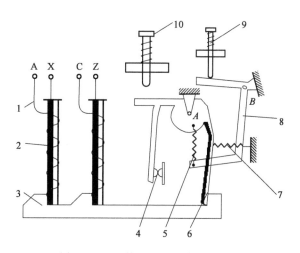

图1-38 RJ10热继电器的结构及原理图

1-发热元件;2-双金属片;3-连动片;4-动断触点;5-弹簧1;6-温度补偿片;7-弹簧2;8-连杆;9-调节旋钮;10-复位按钮

6.1.2 电流额定值的设定与调节

电流调节旋钮9是用以调节热继电器动作电流的,当电流调节盘逆时针转动时,电流调节盘上移,连杆8在弹簧5的作用下以B为支点顺时针旋转,则温度补偿片3在弹簧7的作用下也向左移动。这样,温度补偿片和连动片凸起部分的距离加大。此时,只有在流过发热元件的电流更大时,即双金属片向左弯曲更大时,连动片才能带动温度补偿片动作,使触点动作。反之,当电流调节盘顺时针转动时,热继电器的动作电流就要减小。

6.1.3 热继电器的电气符号

(1)主节点:和接触器的主触点一样,热继电器的主节点是流经主电路电流的触点。

(2)辅助触点:用于进行控制和信号指示的触点。

一般RJ16系列热继电器主节点的数量为3个。RJ16系列热继电器的辅助触点,一般常开触点一个、常闭触点一个。

热继电器的电气符号如图1-39所示。

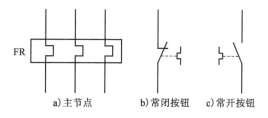

a)主节点   b)常闭按钮   c)常开按钮

图1-39 热继电器的电气符号图

6.1.4 热继电器的主要参数

(1)电流参数:在规定的工作条件下,热继电器的允许工作电流(A)可调范围。

(2)额定绝缘电压:在规定的工作条件下,热继电器主节点工作时,允许的最高工作电压(V)。

6.1.5 热继电器的型号及选用

我国目前生产的热继电器主要有 JR0、JR1、JR2、JR9、R10、JRl5、JRl6 等系列，JR1、JR2 系列热继电器采用间接受热方式，其主要缺点是双金属片靠发热元件间接加热，热耦合较差；双金属片的弯曲程度受环境温度影响较大，不能正确反映负载的过流情况。

JR15、JR16 等系列热继电器采用复合加热方式并采用了温度补偿元件，因此较能正确反映负载的工作情况。

JR1、JR2、JR0 和 JR15 系列的热继电器均为两相结构，是双热元件的热继电器，可以用作三相异步电动机的均衡过载保护和星形连接定子绕组的三相异步电动机的断相保护，但不能用作定子绕组为三角形连接的三相异步电动机的断相保护。

JR16 和 JR20 系列热继电器均有带有断相保护的热继电器，具有差动式断相保护机构。热继电器的选择主要根据电动机定子绕组的连接方式来确定热继电器的型号，在三相异步电动机电路中，对星形连接的电动机可选两相或三相结构的热继电器，一般采用两相结构的热继电器，即在两相主电路中串接热元件。对于三相感应电动机，定子绕组为三角形连接的电动机必须采用带断相保护的热继电器。

6.2 中间继电器

中间继电器一般用于继电保护与自动控制系统中，以增加触点的数量及容量。它用于在控制电路中传递中间信号，如图 1-40 所示。

图 1-40 小型中间继电器实物图

中间继电器的结构和原理与交流接触器基本相同，与接触器的主要区别在于：接触器的主触头可以通过大电流，而中间继电器的触头只能通过小电流。所以，它只能用于控制电路中。它一般是没有主触点的，因为过载能力比较小。所以它用的全部都是辅助触头，数量比较多。《快速中间继电器》（JB/T 3779—2002）对中间继电器的定义是 K，《快速中间继电器》（JB/T 3779—1993）则用 KA 表示。一般是直流电源供电，少数使用交流供电。

6.2.1 中间继电器的结构及工作原理

中间继电器的工作原理、结构和接触器基本相同，即利用线圈通电后，与铁芯共同产生电磁吸力，使衔铁吸合，从而导致随衔铁移动的触点动作（常开触点闭合，常闭触点断开）；线圈失电，铁芯失磁，衔铁在反力弹簧的作用下，复位到原位（常开触点断开，常闭触点闭合）。与接触器所不同的是，中间继电器没有接触器的主触点和相应的灭弧罩，只有触点（概念同接触器的辅助触点),并且触点的电流一般在零点几安到10A不等,因而中间继电器只能进行控制和信号传递。

6.2.2　中间继电器触点的类型

中间继电器的触点有两种类型。一种是常开触点(NO)和常闭触点(NC)都是独立的,两触点之间彼此无联系;另一种是一个常开触点(NO)和一个常闭触点(NC)共用一个公共点的。中间继电器触点的数量是由继电器的大小决定的,一般触点电流在0.2~1A之间的小型继电器的触点,多数只有一个常开触点;触点电流为2A、5A或10A的继电器的触点,有2常开2常闭的,也有3常开3常闭的,还有4常开4常闭的。

6.2.3　中间继电器的电气符号

中间继电器的电气符号如图1-41所示。

6.2.4　中间继电器的主要参数

(1)触点电流参数:继电器触点的额定工作电流。

(2)触点数量参数:继电器常开、常闭触点数量。

(3)线圈电压参数:继电器线圈的工作电压。

(4)线圈工作时的功耗。

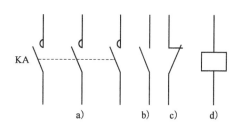

图1-41　中间继电器的电气符号图

6.3　时间继电器

时间继电器是指当加入(或去掉)输入的动作信号后,其输出电路需经过规定的准确时间才产生跳跃式变化(或触头动作)的一种继电器;是一种使用在较低的电压或较小电流的电路上,用来接通或切断较高电压、较大电流的电路的电气元件,如图1-42所示。

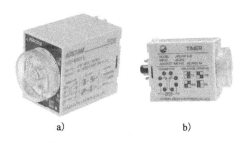

图1-42　电子式时间继电器实物图

6.3.1　时间继电器的结构及工作原理

时间继电器在继电器的概念上,和中间继电器类似,即进行控制信号的传递作用。它也有线圈和触点,但是和中间继电器的区别是,时间继电器中设计有延时电路(或延时器件),当时间继电器的线圈通电或断电后,那些和延时电路(或延时器件)相关的触点,不是随线圈得电马上动作,而是在延时电路(或延时器件)的延时时间到了以后,触点动作。总之,时间继电器是一种利用电磁原理或机械动作原理实现触点延时接通或断开的自动控制电器,其主要功能是进行时间延时控制。时间继电器种类很多,常用的有电磁式、空气阻尼式、电动式和晶体管式等。

6.3.2 直流电磁式时间继电器

在直流电磁式电压继电器的铁芯上增加一个阻尼铜套,即可构成时间继电器。它是利用电磁阻尼原理产生延时的,由电磁感应定律可知,在继电器线圈通断电过程中,铜套内将产生感应电势,并流过感应电流,此电流产生的磁通总是反对原磁通变化。

继电器通电时,由于衔铁处于释放位置,气隙大,磁阻大,磁通小,铜套阻尼作用相对也小,因此,衔铁吸合时延时不显著(一般忽略不计)。

而当继电器断电时,磁通变化量大,铜套阻尼作用也大,使衔铁延时释放而起到延时作用。因此,这种继电器仅用作断电延时。

这种时间继电器延时较短,JT3 系列最长不超过 5 s,而且准确度较低,一般只用于要求不高的场合。

6.3.3 空气阻尼式时间继电器

空气阻尼式时间继电器,是利用空气阻尼原理获得延时的。它由电磁系统、延时机构和触点三部分组成,电磁机构为直动式双 E 型,触点系统是借用 LX5 型微动开关,延时机构采用气囊式阻尼器。

空气阻尼式时间继电器,既具有由空气室中的气动机构带动的延时触点,也具有由电磁机构直接带动的瞬动触点,可以做成通电延时型,也可做成断电延时型。电磁机构可以是直流的,也可以是交流的。

6.3.4 半导体时间继电器

电子式时间继电器在时间继电器中已成为主流产品,电子式时间继电器是采用晶体管或集成电路和电子元件等构成。目前,已有采用单片机控制的时间继电器。电子式时间继电器具有延时范围广、精度高、体积小、耐冲击和耐振动、调节方便及寿命长等优点,所以发展很快,应用广泛。

半导体时间继电器的输出形式有两种:有触点式和无触点式,前者是用晶体管驱动小型磁式继电器,后者是采用晶体管或晶闸管输出。

6.3.5 单片机控制时间继电器

近年来,随着微电子技术的发展,采用集成电路、功率电路和单片机等电子元件构成的新型时间继电器大量面市。如 DHC6 多制式单片机控制时间继电器,J5S17、J3320、JSZ13 等系列大规模集成电路数字时间继电器,J5145 等系列电子式数显时间继电器,J5G1 等系列固态时间继电器等。

图 1-43 DHC6 多种制式时间
继电器实物图

DHC6 多种制式单片机控制时间继电器是为适应工业自动化控制水平越来越高的要求而生产的。多种制式时间继电器可满足不同用户的需求,使用简便方法就能达到以往需要较复杂接线才能达到的控制功能。这样既节省了中间控制环节,又大大提高了电气控制的可靠性。

DHC6 多种制式时间继电器(图 1-43)采用单片机控制、LCD 显示。具有 9 种工作制式、正计时、倒计时任意设定、8 种延时时段、延时范围从 0.01s～999.9h 任意设定、键盘设定,设定完成之后可以锁定按键,防止误操作。可按要求任意选择控制模式,使控制线路简单可靠。

J5S17 系列时间继电器由大规模集成电路、稳压电源、拨动开关、四位 LED 数码显示器、执行继电器及塑料外壳几部分组成。采用 32kHz 石英晶体振荡器,安装方式有面板式和装置式两种。装置式插座可用 M4 螺钉固定在安装板上,也可以安装在标准 35mm 安装卡轨上。

J5S20 系列时间继电器是四位数字显示小型时间继电器,它采用晶体振荡作为时基基准。采用大规模集成电路技术,不但可以实现长达 9999h 的长延时,还可保证其延时精度。配用不同的安装插座及附件,可应用在面板安装、35mm 标准安装导轨及螺钉安装的场合。

6.3.6　时间继电器的电气符号

时间继电器的常见电气符号见表 1-13。

时间继电器的常见电气符号　　　　表 1-13

序号	名　称	功能介绍	电气符号
1	通电延时线圈	线圈通电后,开始进行延时的时间继电器	KT
2	断电延时线圈	线圈断电后,开始进行延时的时间继电器	KT
3	延时闭合的常开触点	线圈得电,开始定时,时间到,触点动作(闭合);线圈失电,触点立即复位(断开)	
4	延时断开的常闭触点	线圈得电,开始定时,时间到,触点动作(断开);线圈失电,触点立即复位(闭合)	
5	延时断开的常开触点	线圈得电,触点立即闭合;线圈失电,进行定时,时间到,复位(断开)	

续上表

序号	名　称	功 能 介 绍	电 气 符 号
6	延时闭合的常闭触点	线圈得电,触点立即断开;线圈失电,进行定时,时间到,触点复位(闭合)	
7	普通(瞬动型)常开、常闭触点	线圈得电,触点动作(常开触点闭合,常闭触点断开),线圈失电,触电复位	

6.3.7　时间继电器的电气参数

(1)触点电流参数:继电器触点的额定工作电流。

(2)触点数量参数:继电器常开、常闭触点数量。

(3)线圈电压参数:继电器线圈工作电压。

(4)线圈工作时的功耗:继电器线圈工作消耗电能的能力。

6.3.8　时间继电器的选用

选用时间继电器时应注意:其线圈(或电源)的电流种类和电压等级应与控制电路相同;按控制要求选择延时方式和触点类型;校核触点数量和容量,若不够时,可用中间继电器进行扩展。

时间继电器新系列产品 JS14A 系列、JS20 系列半导体时间继电器、JS14P 系列数字式半导体继电器等量具有体积小、延时精度高、寿命长、工作稳定可靠、安装方便、触点输出容量大和产品规格全等优点,广泛用于电力拖动、顺序控制及各种生产过程的自动控制中。

6.4　速度继电器

速度继电器广泛用于生产机械中运动部件的速度控制和反接控制快速停车,如车床主轴、铣床主轴等。常用的是 JY1 型速度继电器,如图 1-44 所示。JY1 型速度继电器具有结构简单、工作可靠、价格低廉等特点,故仍今众多生产机械所采用。

6.4.1　速度继电器的结构及工作原理

速度继电器是靠电磁感应原理实现触头动作的继电器。它是由转子、定子和触头三部分组成,如图 1-45 所示。

图 1-44 JY1 型速度继电器实物图

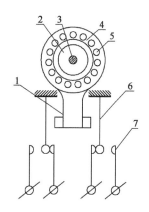

图 1-45 JY1 型速度继电器的结构和原理图
1-摆锤;2-转子;3-转轴;4-定子;5-绕组;6-簧片;7-静触点

速度继电器转轴与电动机同轴连接,当电动机转动时,带动继电器转子磁极(永久磁铁)一起转动,定子笼型绕组的导条切割磁场产生感应电动势与电流,此感应电流与磁场的作用产生转矩,使定子朝着转子转动方向偏摆,通过摆杆推动簧片,使继电器的动合触头闭合、动断触头断开。电动机转动方向相反时,继电器转子的旋转方向也反向,产生的转矩方向也相反,摆杆推动另一侧的簧片,使另一侧的触头闭合或断开。当转速下降到一定值时,产生的转矩小于簧片的反作用力,这时定子恢复到原来位置,对应的触头就恢复到原来的状态。

6.4.2 速度继电器的应用

速度继电器的转轴与电动机转轴连在一起。在速度继电器的转轴上固定着一个圆柱形的永久磁铁;磁铁的外面套有一个可以按正、反方向偏转一定角度的外环;在外环的圆周上嵌有笼型绕组。当电动机转动时,外环的笼型绕组切割永久磁铁的磁力线而产生感生电流,并产生转矩,使外环随着电动机的旋转方向转过一个角度。这时,固定在外环支架上的顶块顶着动触头,使其一组触头动作。若电动机反转,则顶块拨动另一组触头动作。当电动机的转速下降到 $100r/min$ 左右,由于笼型绕组的电磁力不足,顶块返回,触头复位。因继电器的触头动作与否与电动机的转速有关,所以叫速度继电器,又因速度继电器用于电动机的反接制动,故也称其为反接制动继电器。

6.4.3 速度继电器的电气符号

速度继电器的电气符号如图 1-46 所示。

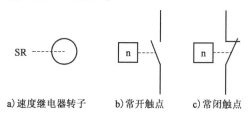

a)速度继电器转子   b)常开触点   c)常闭触点

图 1-46 速度继电器的电气符号图

6.4.4　速度继电器的型号及选用

常用的速度继电器有 JY1 和 JFZ0 系列。JY1 系列能在 3000r/min 的转速下可靠工作。JFZ0 型触点动作速度不受定子柄偏转快慢的影响,触点改用微动开关。JFZ0 系列、JFZ0-1 型适用于 300～1000r/min;JFZ0-2 型适用于 1000～3000r/min。速度继电器有两对常开、常闭触点,分别对应于被控电动机的正、反转运行。一般情况下,速度继电器的触点,在转速达 120r/min 时能动作,100r/min 左右时能恢复正常位置。

6.4.5　速度继电器的常见故障

速度继电器的常见故障主要有以下两种:

(1)速度继电器转速较高时,动合触头也不闭合。主要原因有,常开触头接触不良、正反触头接反和转子永久磁铁失磁等。

(2)动作值不正常。主要原因有,反力弹簧调整不当、部件松动和安装不牢等。检修时要注意仔细观察,发现问题及时排除。

在使用速度继电器前,一定要检查速度继电器的外部结构有无损伤,仔细检查触头接触情形,防止有短路、断路情况,从而使控制电路不能够正常工作。

7　变压器

变压器是利用电磁感应的原理来改变交流电压的装置,主要构件是初级线圈、次级线圈和铁芯(磁芯),如图 1-47 与图 1-48 所示。主要功能有:电压变换、电流变换、阻抗变换、隔离、稳压(磁饱和变压器)等。电路符号常用 T 当作编号的开头。

图 1-47　6jkb 机床变压器　　　　图 1-48　s9 系列三相油浸变压器

7.1　变压器的结构

变压器是由闭合铁芯和绕在铁芯上的两个线圈构成的,如图 1-49 所示。一个线圈与电源连接,叫初级线圈(原线圈),另一个线圈与负载连接,叫次级线圈(副线圈)。两个线圈都是由绝缘导线绕制成的。铁芯由涂有绝缘漆的硅钢片叠合而成。

在初级线圈上加交变电压 U_1,初级线圈中就有交变电流,它在铁芯中产生交变磁通量。这个交变磁通量既穿过初级线圈,也穿过次级线圈,在初级、次级线圈中都要引起感应电动势。如次级线圈是闭合的,在次级线圈中就产生交变电流,它也在铁芯中产生交变的磁通量,在初级、次级线圈中同样引起感应电动势。次级线圈两端的电压就是这样产生的。所以,两个线圈并没有直接接触,通过互感现象,次级线圈也能够输出电流。

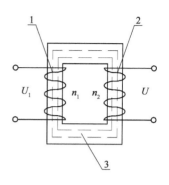

图1-49 变压器的结构
1-初级线圈;2-次级线圈;3-铁芯

(1)铁芯:铁芯既是变压器的磁路,又是器身的机械骨架,为减少磁滞损耗和涡流损耗,铁芯由很薄的硅钢片叠装而成,硅钢片两面涂上绝缘漆而彼此绝缘。叠装时,为使铁芯磁路不形成间隙,相邻两片铁芯叠片的接缝要互相错开,这样做可以减少铁芯磁路的磁阻,从而减少励磁电流。

铁芯由铁芯柱和铁轭组成。铁芯中套装绕组的部分是铁芯柱,连接铁芯柱形成闭合磁路的部分称为铁轭。用夹紧装置把铁芯柱和铁轭夹紧,以形成坚固的整体,用来支持和卡紧绕组。

(2)绕组:绕组是变压器的电路部分,一般用包有绝缘体的铜导线绕制而成,如图1-50所示。双绕线变压器的每个铁芯柱上放置两个绕组,接电源的绕组称为一次绕组,接负载的绕组称为二次绕组。绕组采用同心式绕组,即两个绕组同心地套装在铁芯柱上,通常低压绕组在里面,高压绕组在外面,这样做既可以节省材料,也有利于绝缘。

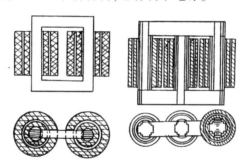

图1-50 变压器绕组的结构

(3)附件:包括油箱、分接开关、绝缘套管等。

油浸式变压器要有一个油箱,装入变压器油后,将组装好的器身装入其中,以保证变压器正常工作。变压器油用于加强变压器内部绝缘强度和散热作用。

变压器常用改变绕组匝数的方法来调压。一般从变压器的高压绕组引出若干抽头,称为分接头,用以切换分接头的装置叫分接开关。分接开关分为无载调压和有载调压两种,前者必须在变压器停电的情况下切换;后者可以在变压器带负载情况下进行切换。分接开关安装在油箱内,其控制箱在油箱外,有载调压分接开关内的变压器油是完全独立的,它也有配套的油箱、瓦斯继电器、呼吸器。

变压器绕组的引出线从油箱内部引到箱外时必须经过绝缘套管,使引线与油箱绝缘。绝缘套管一般是陶瓷的,其结构取决于电压等级。1kV以下采用实心磁套管,10~35kV采用空心充气或充油式套管,110kV及以上采用电容式套管。为了增大外表面放电距离,套管外形做成多级伞形裙边。电压等级越高,级数越多。

7.2　变压压器的基本工作原理

变压器是利用电磁感应定律把一种电压等级的交流电能转换成同频率的另一种电压等级的交流电能。

当初级绕组接到交流电源时,绕组中便有交流电流流过,并在铁芯中产生与外加电压频率相同的磁通,这个交变磁通同时交链着初级绕组和次级绕组。初级、次级绕组的感应分别表示为:

$$\frac{U_1}{U_2} = \frac{n_1}{n_2} = k$$

k 为变比,表示初级、次级绕组的匝数比,也等于初级—相绕组的感应电势与次级—相绕组的感应电势之比。改变变压器的变比,就能改变输出电压。但应注意,变压器不能改变电能的频率。

7.3　变压器的电气符号

变压器的电气符号如图 1-51 所示。

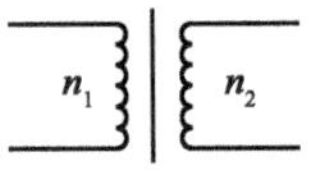

图 1-51　变压器的电气
符号图

7.4　变压器的主要参数

(1)额定容量(S_N):变压器在厂家铭牌规定的条件下,在额定电压、额定电流连续运行时所输送的容量。是变压器在额定状态下的输出能力的保证值,单位用伏安(VA)、千伏安[或兆伏安(MVA)]表示,变压器有很高运行效率,通常初级、次级绕组的额定容量设计值相等。

(2)额定电压(U_N):变压器长时间运行时,所能承受的工作电压(铭牌上的 U_N 为变压器分接开关中间分接头的额定电压值),是变压器空载时端电压的保证值,单位用伏(V)、千伏(kV)表示。如不做特殊说明,额定电压一般指线电压。

(3)额定电流(I_N):变压器在额定容量下,允许长期通过的电流,是通过额定容量和额定电压计算出来的线电流,单位用安(A)表示。

(4)空载电流:变压器空载运行时励磁电流占额定电流的百分数。

(5)容量比:变压器各侧额定容量之比。

(6)电压比(变比):变压器各侧额定电压之比。

(7)铜损(短路损失):变压器一、二次电流流过一、二次绕组,在绕组电阻上所消耗的能量之和。一侧绕组短路,另一侧绕组施以电压,使两侧绕组都达到额定电流时的有功损耗,单位以瓦(W)或千瓦(kW)表示。

(8)铁损:变压器在额定电压下(二次开路)铁芯中消耗的功率,包括励磁损耗和涡流损耗。

(9)百分阻抗(短路电压):变压器二次短路,一次施加电压并慢慢使电压加大,当二次产生的短路电流等于额定电流时,一次施加的电压。

$$U_K = \frac{短路电压}{额定电压} \times 100\%$$

三绕组变压器的百分阻抗有高中压、高低压、中低压绕组间三个百分阻抗。测量高中压绕组间的百分阻抗时,低压绕组须开路;其他的依此类推。

8　指示灯

指示灯是用灯光监视电路和电气设备工作或位置状态的器件,如图1-52所示。

图1-52　指示灯实物图

指示灯通常用于反映电路的工作状态(有电或无电)、电气设备的工作状态(运行、停运或试验)和位置状态(闭合或断开)等。

8.1　指示灯的结构及工作原理

使用白炽灯为光源的指示灯,由灯头、灯泡、灯罩和连接导线等组成,亦有使用发光二极管作指示灯的,一般装设在高、低压配电装置的屏、盘、台、柜的面板上,某些低压电气设备、仪器的盘面上或其他比较醒目的位置上。反映设备工作状态的指示灯,通常以红灯亮表示处于运行工作状态,绿灯亮表示处于停运状态,乳白色灯亮表示处于试验状态;反映设备位置状态的指示灯,通常以灯亮表示设备带电,灯灭表示设备失电;反映电路工作状态的指示灯,通常红灯亮表示带电,绿灯亮表示无电。为避免误判断,运行中要经常或定期检查灯泡或发光二极管的完好情况。

指示灯的额定工作电压有220V、110V、48V、36V、24V、12V、6V、3V等。受控制电路通过电流大小的限制,同时也为了延长灯泡的使用寿命,常采取在灯泡前加一限流电阻或用两只灯泡串联使用,以降低工作电压。

8.2　指示灯的电气符号

指示灯的电气符号如图1-53所示。

8.3　指示灯的主要参数

图1-53　指示灯的电气符号图

(1)电压参数:指示灯的工作电压,如24VDC,220VAC,380VAC。

(2)孔径参数:指示灯的安装孔径,如 ϕ22.5、ϕ25。

(3)颜色参数:指示灯亮时的发光颜色,如 R(红)、G(绿)、Y(黄)、W(白)。在实际应用中,在设备的不同状态下,所选用的指示灯的颜色是不同的,例如红色通常用来表示设备正在运行、绿色表示设备停车、黄色表示异常报警等。

复习提高

1. 交流接触器在衔铁吸合前的瞬间,为什么在线圈中产生很大的冲击电流?直流接触器会不会出现这种现象?为什么?

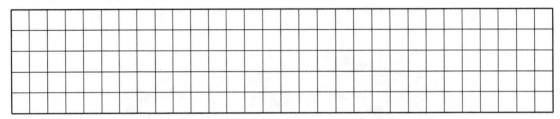

2. 交流电磁线圈误接入直流电源、直流电磁线圈误接入交流电源,会发生什么问题?为什么?

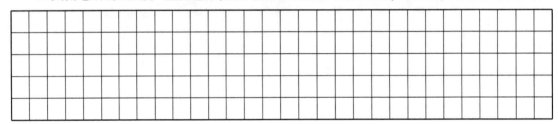

3. 在接触器标准中规定其适用工作制有什么意义?

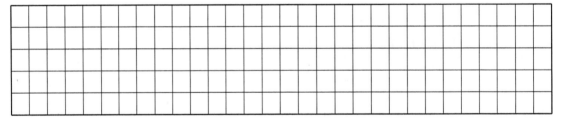

4. 交流接触器在运行中,有时在线圈断电后,衔铁仍掉不下来,电动机也不能停止,这时应如何处理?故障原因在哪里?应如何排除?

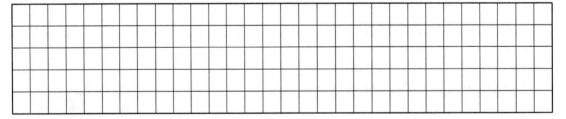

5. 继电器和接触器有何区别?

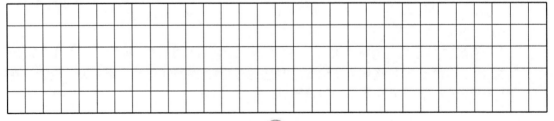

6.时间继电器和中间继电器在控制电路中各起什么作用？如何选用时间继电器和中间继电器？

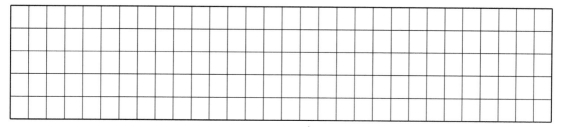

7.分析速度继电器的工作原理,它在线路中起何作用?

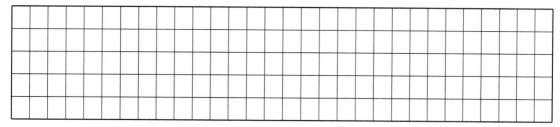

8.在电路中用熔断器作为短路保护,能否同时起到过载保护作用？为什么？

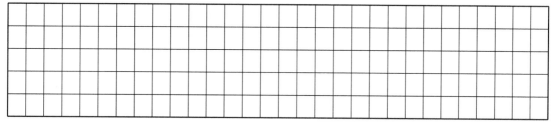

9.低压断路器在电路中的作用如何？如何选择低压断路器？怎样实现干、支线断路器的级间配合？

10.电气控制线路常用的保护环节有哪些？各采用什么电气元件？

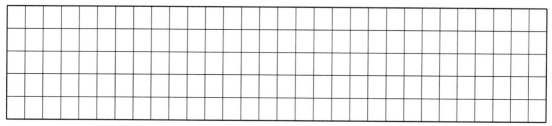

基础知识1-3 电机控制基础

 **学习目标**

　　了解直流电动机、交流异步电动机和交流同步电动机的基本构造和转动原理。理解直流电动机和三相交流异步电动机的机械特性,掌握启动和反转的基本方法,了解调速和制动的方法。理解三相交流异步电动机铭牌数据的意义。

 知识模块

　　电机可泛指所有实施电能生产、传输、使用和电能特性变换的机械或装置。然而,生产、传输、使用电能和电能特性变换的方式很多、原理各异,如机械摩擦、电磁感应、光电效应、磁光效应、热电效应、压电效应、化学效应等等,内容广泛,不可能由一门课程全都包括。电机学的主要研究范畴仅限于那些依据电磁感应定律和电磁力定律实现机电能量转换和信号传递与转换的装置。

　　电机的种类很多,按运动方式分,静止的有变压器,运动的有直线电机和旋转电机。直线电机和旋转电机按电源性质分,又有直流电机和交流电机两种,而交流电机按运动速度与电源频率的关系又可分为异步电机和同步电机两大类。旋转电机分类(按照电源类型),如表1-14所示。

旋转电机分类(按照电源类型) 　　　　　表1-14

旋转电机	直流电机	有刷直流电机	稀土永磁直流电机
		永磁直流电机	铁氧体永磁直流电机
			铝镍钴永磁直流电机
		电磁直流电机	串励直流电机
			并励直流电机
			他励直流电机
			复励直流电机
		无刷直流电机	
	交流电机	异步电动机	单相串励电动机
		交流换向器电动机	交直流两用电动机
			推斥电动机
		感应电动机	单相异步电动机
			三相异步电动机
			罩极异步电动机
		同步电动机	永磁同步电动机
			磁阻同步电动机
			磁滞同步电动机

1　电机原理及基础

根据电机学定义,电机是一种将电能转换成机械能或将机械能转换成电能的设备,其中将机械能变为电能的称发电机;将电能变为机械能的称为电动机。

电机实现能量转换都基于两个基本定律:

1)法拉第-楞次定律(感应电动势定律)

导体在磁场中运动切割磁感线,在导体两端必然会产生感应电动势,感应电动势 e 的大小与导体运动速度 v、导体的长度 L 以及磁场的磁感应强度 B 成正比,即: $e = BLV$。感应电动势的方向符合右手定律。

2)毕奥-萨戈尔定律(电磁力定律)

载流导体在磁场中必然会受到电磁力的作用。电磁力的大小与导体所载电流 I、磁场的磁感应强度 B 以及导体的长度 L 成正比,即: $F = BIL$。电磁力的方向符合左手定律。

所有电机都是根据上述两个定律基本原理设计的。电机的结构类型很多,结构形式也各不相同,但其能量转换和转矩产生原理是相同的,由于励磁方式不同,各类电机磁场性能和变化不同,才有电机的不同类型和不同特性。

电机内部通过电系统、耦合系统和机械系统实现能量转换。电动机通常是在其接线端子上输入电能,在轴上输出机械功率。外电路电能通过耦合系统在机械系统中产生机械能,在机械系统轴头以机械能输出。发电机则是在其轴上输入机械功率,其端子上输出电功率。驱动机械的机械能通过耦合系统,在电系统中产生电能输出。在上述能量转换过程中,三个系统都会产生部分能量损失,最终都以热量形式向周围环境散逸。

1.1　电动机和发电机的可逆运行

电机进行机电能量转换的过程是可逆的。当电机内部电磁转矩起驱动作用时为电动状态;当电磁转矩起制动作用时为发电状态。即电机在运行过程中,电动机状态和发电机状态是可以互换的,如电动机在工作时,采用能耗制动或反馈制动时,即进入了发电机状态。又如蓄能发电机组,在抽水蓄能时,以电动机状态运行,调峰发电时,以发电机方式工作。由于机电能量转换过程是可逆的,因而电动机和发电机在结构上无根本区别。

1.2　电机实现能量交换的条件

根据电机的基本原理,电机要进行能量交换必须要具备相对运动的两个部分,一个是产生磁场的磁感应部件;另一个是感应电动势和流过工作电流的被感应部件。当被感应部件绕组中流过电流所建立磁场与励磁磁场间,在极数相等,相对静止条件下,就能产生有效的电磁转矩。

电机内两个相互耦合的磁场为了能相对运动,必须有一个机械部分是固定的,另一个是能相对运动的。因此,对任何旋转电机来说(有别于直线电机),必须有一个定子部件,固定住一套绕组和磁路部件;另外,还必须有一个转动部件,支撑住另一套绕组和磁路部件。只有这样才能在定、转子之间的气隙磁场实现能转换。

1.3　电机的绝缘材料及要求

由于电机是依据电磁感应定律实现能量转换的,因此电机中必须要有电流通道和磁通通道,也即通常所说的电路和磁路,并要求由性能优良的导电材料和导磁材料构成。具体说来,电机中的导电材料是绕制线圈(电机学将一组线圈称为绕组)用的,要求导电性能好,电阻损耗小,故一般选用紫铜线(棒)。电机中的导磁材料又叫铁磁材料,主要采用硅钢片,也称电工钢片。除导电和导磁材料外,电机中还需要有能将电、磁两部分融合为一个有机整体的结构材料。这些材料首先包括机械强度高、加工方便的铸铁、铸钢和钢板,此外,还包括大量介电强度高、耐热性能好的绝缘材料(如聚酯漆、环氧树脂、玻璃丝带、电工纸、云母片、玻璃纤维板等),专用于导体之间和各类构件之间的绝缘处理。

1.3.1　对绝缘结构的要求

绕组是实现能量交换的主要部件,由导电性良好的导体和不导电的绝缘层所构成,导体的作用是构成电机的电路,绝缘层的作用是隔离电路与磁路、导体之间以及带电导体与地之间不同的电位。为了减少铁芯中涡流产生的损耗和阻尼作用,铁芯叠片之间也用绝缘作为隔离层,通常是极薄的一层漆膜。电机内的绝缘层往往是由几种绝缘材料组成,并经过各种绝缘工艺处理。如包绕、烘压、浸漆、表面处理等,这种由多种绝缘材料经过加工和特殊处理形成的复合绝缘层,通常称为绝缘结构。绝缘结构比单一的绝缘材料具有更好的电气性能、防潮性能、机械强度、导热性和整体性。电机内因有数种绕组,往往有几种不同的绝缘结构,它们共同构成电机的绝缘系统。

电机的运行性能和使用寿命,与绝缘材料和绝缘系统的性能密切相关,很大程度上取决于它们的电、热、力学、理化性能。电机要能在恶劣的环境和严苛的运行条件下可靠工作,绝缘结构应具备电气强度高、耐热性能高、导热性好、防潮、防尘性好、机械强度高和便于维护等特点。此外,对于在湿热带、海上等环境工作的电动机,其绝缘结构还要经过特殊处理。

1.3.2　绝缘结构组成单元

绝缘结构是由很多种绝缘材料组成的,它们的作用和性能各不相同。绝缘单元结构主要有以下几种:

(1)匝间绝缘。用来隔离同一绕组内不同电位的导体,片间绝缘与股线绝缘也属匝间绝缘性质,其承受电压较低。

(2)对地绝缘。是主绝缘,承受对地电压。其作用是隔离地与导体之间电位,要求有较高的电气强度,绝缘层的厚度根据电机的电压等级来确定。

(3)层间绝缘。用来作为上、下层导线,或上、下层绕组间的绝缘,要求具有较好的弹性和韧性。

(4)保护绝缘。用来保护主绝缘。使主绝缘减少制造过程和运行过程受到的机械损伤。保护绝缘要求具有某种好的机械性能,而不要求有过高的绝缘性能,保护绝缘最常见的是线圈最外层的保护布带、槽衬等。

(5)支撑绝缘。主要用来使绕组和带电部件在电机内能可靠地定位和固定,槽楔、引线夹板、端与板、端部绑扎机等皆为支撑绝缘,支撑绝缘要求有较好的强度,并在长期工作中不应变形。

每种绝缘结构都是上述不同绝缘单元结构形成的组合。

1.3.3　绝缘结构的耐热等级

电机内的各种绝缘结构,在长期强电场、高温下运行,其电气和机械性能都将逐渐下降。这是由于绝缘层内有机物中挥发性成分的逸出,氧化裂解、热裂解、水解等化学、物理变化,致使绝缘层变硬,变脆和出现裂纹,而导致力学、电气、理化性能变差,这是通常所称的绝缘老化现象,是一种劣化的过程。

绝缘材料老化的过程中,起主要作用的是长期高温,即所谓热老化。因此,提高绝缘材料和绝缘结构的耐热性,是改善电机性能,延长使用寿命和提高运行可靠性的重要措施。不同的绝缘材料有不同的耐热性能,电机内的绝缘结构都应有相同的耐热等级。绝缘的耐热等级规定,见表1-15。

<table>
<tr><td colspan="7" align="center">绝 缘 耐 热 等 级　　　　　　　　　　　　　表 1-15</td></tr>
<tr><td>耐热等级</td><td>Y</td><td>A</td><td>E</td><td>B</td><td>F</td><td>H</td></tr>
<tr><td>最高允许温度(℃)</td><td>90</td><td>105</td><td>120</td><td>130</td><td>155</td><td>180</td></tr>
</table>

除温度因素外,臭氧、日光照射、电场、机械振动和冲击都是加速老化的因素。老化实际上是绝缘结构和绝缘材料劣化的综合表现。电机常用绝缘材料按性能划分为 Y、A、E、B、F、H 等 6 个等级。如 A 级绝缘材料可在 105℃下长期使用,超过 105℃则很快老化;E 级绝缘材料可在 120℃下长期使用,超过 120℃则很快老化;B 级绝缘材料可在 130℃下长期使用,超过 130℃则很快老化;F 级绝缘材料可在 155℃下长期使用,超过 155℃则很快老化;H 级绝缘材料允许在 180℃下长期使用,超过 180℃则很快老化。使用时温度超过 8℃,则使用寿命将缩短一半,这通常被称为热老化的 8℃规则。

2　直流电动机

直流电机是指能将直流电能转换成机械能(直流电动机)或将机械能转换成直流电能(直流发电机)的旋转电机,如图 1-54 所示。它是能实现直流电能和机械能互相转换的电机。当它作电动机运行时是直流电动机,将电能转换为机械能;作发电机运行时是直流发电机,将机械能转换为电能。

直流电机由转子(电枢)、定子(励磁绕组或者永磁体)、换向器、电刷等部分构成,调速性能良好,在矢量控制出现以前,直流电机在电机控制领域的应用极为广泛。但随着交流电机控制技术的发展,直流电机的弊端也逐渐显现,在很多领域都

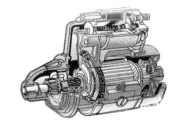

图 1-54　直流电机

逐渐被交流电机所取代。直流电机现仍广泛用于对调速要求较高的生产机械上,如轧钢机、电力牵引、挖掘机械、纺织机械,龙门刨床等等,所以对直流电机的了解和研究仍然意义重大。

2.1 直流电动机的基本结构

直流电动机分为两部分:定子与转子。其中,定子包括主磁极、机座、换向极、电刷装置等。转子包括电枢铁芯、电枢绕组、换向器、轴和风扇等,如图1-55所示。

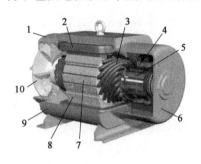

图1-55 直流电动机的基本结构图
1-前端盖;2-励磁绕组;3-电枢绕组;4-电刷;
5-换向器;6-后端盖;7-电枢铁芯;8-磁极;
9-机座;10-风扇

直流电机的励磁方式是指对励磁绕组如何供电、产生励磁磁通势而建立主磁场。根据励磁方式的不同,直流电机可分为下列几种类型。

(1)他励直流电机:励磁绕组与电枢绕组无连接关系,而由其他直流电源对励磁绕组供电的直流电机称为他励直流电机。永磁直流电机也可看作他励直流电机。

(2)并励直流电机:并励直流电机的励磁绕组与电枢绕组相并联。作为并励发电机来说,是电机本身发出来的端电压为励磁绕组供电;作为并励电动机来说,励磁绕组与电枢共用同一电源,从性能上讲与他励直流电动机相同。

(3)串励直流电机:串励直流电机的励磁绕组与电枢绕组串联后,再接于直流电源。这种直流电机的励磁电流就是电枢电流。

(4)复励直流电机:复励直流电机有并励和串励两个励磁绕组。若串励绕组产生的磁通势与并励绕组产生的磁通势方向相同称为积复励。若两个磁通势方向相反,则称为差复励。

不同励磁方式的直流电机有着不同的特性。一般情况直流电动机的主要励磁方式是并励式、串励式和复励式,直流发电机的主要励磁方式是他励式、并励式和和复励式。

2.2 直流电动机的工作原理

在两个电刷加上直流电源,则有直流电流从上方电刷 B_1 流入,经过线圈从下方电刷 B_2 流出,根据电磁力定律,载流导体受到电磁力的作用,其方向可由左手定则判定,两段导体受到的力形成了一个转矩,使得转子逆时针转动,如图1-56所示。

如果转子转过90°,电刷和换向换向器接触改变,直流电流从电刷 B_2 流入,从电刷 B_1 流出。此时,载流导体到电磁力的作用方向同样可由左手定则判定,它们产生的转矩仍然使得转子逆时针转动。这就是直流电动机的工作原理。外加的电源是直流的,但由于电刷和换向片的作用,在线圈中流过的电流是交流的,其产生的转矩的方向却是不变的。

2.3 直流电动机的机械特性

直流电动机的机械特性是指电动机在电枢电压 U、励磁电流 I、电枢回路总电阻 R_a 为恒值的条件下,电动机转速与电磁转矩 T 的关系。

2.3.1 串励直流电动机的机械特性

串励直流电动机的电路,如图1-57所示。

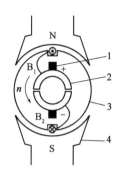

图 1-56　直流电动机的工作原理示意图
1-电刷;2-换向器;3-转子;4-永磁体

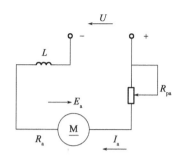

图 1-57　串励直流电动机电路图

由于串励电动机的励磁绕组与电枢绕组串联,故励磁电流等于电枢电流 I_a,它的主磁通随着电枢电流的变化而变化,这是串励电动机最基本的特点。

串励电动机的励磁磁通 Φ 与电枢电流 I_a 近似认为成正比,把 $T = C_M \Phi I_a$ 和 $\Phi = C I_a$ 代入,得机械特性方程:

$$ n = \frac{U}{C_1 \sqrt{T}} - \frac{R_a}{C_2} $$

式中:C_1、C_2——常数。

串励电动机的机械特性曲线,如图 1-58 所示。

在磁极未饱和的条件下,串励电动机的机械特性为双曲线。它具有以下特性:

(1)串励电动机的转速随转矩变化,这种机械特性称为软特性。在轻负载时,电动机的转速很快;负载转矩增加时,其转速较慢。

(2)串励电动机的转矩和电枢电流的平方成正比,因此它的启动转矩大,过载能力强。

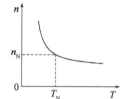

图 1-58　串励电动机的机械特性

(3)电动机空载时,理想空载转速 n_0 为无限大,实际中 n_0 也可达到额定转速 n_N 的 5～7 倍(亦称为"飞车"),这是电动机的机械强度所不允许的。因此,串励电动机不允许空载或轻载运行。

(4)串励电动机也可以通过电枢串电阻、改变电源电压、改变磁通,达到人为机械特性,适应负载和工艺的要求。

串励电动机使用于负载变化比较大,且不可能空转的场合。例如,电动机车、地铁电动车组、城市电车、电瓶车、挖掘机、铲车、起重机等。

2.3.2　并励直流电动机的机械特性

并励直流电动机的电路,如图 1-59 所示。

并励直流电动机的机械方程式可以由公式 $E_a = C_e \Phi n$ 与 $U = E_a + I_a R_a$ 得到:

$$n = \frac{U - I_a R_a}{C_e \Phi}$$

再把公式 $T = C_M \Phi I_a$ 代入上式,得:

$$n = \frac{U}{C_e \Phi} - \frac{R_a}{C_e C_M \Phi^2} T = n_0 - \alpha T$$

式中:n_0、α——$n_0 = \frac{U}{C_e \Phi}$ 称为理想空载转速,$\alpha = \frac{R_a}{C_e C_M \Phi^2}$。

机械特性曲线如图 1-60 所示,是一条稍向下倾斜的直线,其斜率为 α。这说明加大电动机负载会使转速下降。

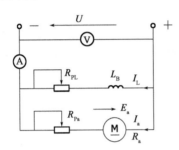
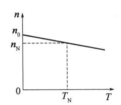

图 1-59 并励直流电动机电路图   图 1-60 并励电动机的机械特性

固有机械特性是当电动机的电枢工作电压和励磁磁通均为额定值,电枢电路中没有串入附加电阻时的机械特性,其方程式为:

$$n = \frac{U}{C_e \Phi} - \frac{R_a}{C_e C_M \Phi^2} T = n_0 - \alpha T$$

并励直流电动机固有机械特性为硬特性,这种特性适用于负载变化时要求转速比较稳定的场合,经常用于金属切削机床、造纸机械等要求恒速的地方。

必须注意的是:当磁通过分削弱后,如果负载转矩不变,将使电动机电流大大增加,而严重过载。另外,当 $\Phi = 0$ 时,从理论上说,电动机的空载转速将趋于 ∞,实际上励磁电流为零时,电动机尚有剩磁,这时转速虽不趋于 ∞,但会升到机械强度所不允许的数值,通常称为"飞车"。因此,直流并励电动机启动前必须先加励磁电流,在运转过程中,绝不允许励磁电路断开或励磁电流为零。为此,直流并励电动机在使用中,一般都设有"失磁"保护。

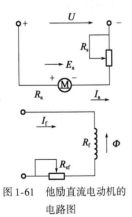

图 1-61 他励直流电动机的
电路图

2.3.3 他励直流电动机的机械特性

他励直流电动机的电路,如图 1-61 所示。

他励直流电动机的机械特性与并励直流电动机的机械相似,推导过程完全一样,也是一条稍向下倾斜的直线,相对于并励直流电动机,加大电动机负载,他励电动机转速下降更少,因此他励电动机机械特性更硬。

2.4 直流电动机的控制

2.4.1 启动控制

由于电机电枢回路电阻和电感都较小,而转动体具有一定的机械惯性,因此当电机接通电源后,启动的开始阶段,电枢转速以及相应的反电动势很小,启动电流很大。最大可达额定电流的 15~20 倍。这一电流会使电网受到扰动、机组受到机械冲击、换向器发生火花。因此,直接合闸启动只适用于功率不大于4kW 的电动机(启动电流为额定电流的 6~8 倍)。

为了限制启动电流,常在电枢回路内串入专门设计的可变电阻。在启动过程中,随着转速的不断升高,及时逐级将各分段电阻短接,使启动电流限制在允许值以内。这种启动方法称为串电阻启动,非常简单,设备轻便,广泛应用于各种中小型直流电动机中。但由于启动过程中能量消耗大,不适于经常启动的电机和中、大型直流电动机。但对于某些特殊需要,例如城市电车虽经常启动,但为了简化设备,减轻重量和操作维修方便,通常采用串电阻启动方法。

对容量较大的直流电动机,通常采用降电压启动。即由单独的可调压直流电源对电机电枢供电,控制电源电压,使电机平滑启动,但此种方法电源设备比较复杂。

2.4.2 调速控制

直流电机的调速方案一般有下列三种方式:改变电枢电压、改变励磁绕组电压以及改变电枢回路电阻。最常用的是调压调速系统,即改变电枢电压。

2.4.3 反向控制

改变直流电动机转动方向的方法有两种:

一是电枢反接法,即保持励磁绕组的端电压极性不变,通过改变电枢绕组端电压的极性使电动机反转。

二是励磁绕组反接法,即保持电枢绕组端电压的极性不变,通过改变励磁绕组端电压的极性使电动机调向。当两者的电压极性同时改变时,则电动机的旋转方向不变。

他励和并励直流电动机一般采用电枢反接法来实现正反转。他励和并励直流电动机不宜采用励磁绕组反接法实现正反转的原因是因为励磁绕组匝数较多,电感量较大。当励磁绕组反接时,在励磁绕组中便会产生很大的感生电动势,这将会损坏闸刀和励磁绕组的绝缘。

串励直流电动机宜采用励磁绕组反接法实现正反转的原因是因为串励直流电动机的电枢两端电压较高,而励磁绕组两端电压很低,反接容易,电动机车常采用此法。

2.5 直流电动机的额定值

(1)额定功率 P_N:额定工作情况下电机轴上输出的机械功率。

(2)额定电压 U_N:额定工作情况下的电枢上加的直流电压(例如:110V、220V、440V)。

(3)额定电流 I_N:额定电压下轴上输出额定功率时的电流(并励包括励磁和电枢电流)。

(4)额定转速 n_N:在额定功率、额定电压、额定电流时的转速。注意:调速时对于没有调速要求的电机,最大转速不能超过 $1.2n_N$。直流电机的转速一般在 500r/min 以上。特殊的直流电机转速可以做到很低(如每分钟几转)或很高(3000r/min 以上)。

3 交流异步电机

异步电动机是原理与同步电动机不同的交流电动机。其定子磁场和同步电动机一样,是由一个三相交流电产生的旋转磁场,这旋转磁场也是和电网频率同步的。其转子上设置的是一个短路的绕组,当定子旋转磁场切割转子导体时,即在转子导体中产生感应电动势和感生电流,并建立一个转子磁场。由于定、转子磁场相互作用产生了电磁转矩,其转子轴上就输出机械转矩。因转子磁场是由定子磁场切割感应而生,因而它和定子旋转磁场不是同步的,电机的转速和同步转速不相等,故称异步电动机,如图1-62所示。

图1-62 YE2系列三相异步电动机外形图

3.1 异步电动机的基本结构

异步电动机的结构也可分为定子、转子两大部分。定子就是电机中固定不动的部分,转子是电机的旋转部分。由于异步电动机的定子产生励磁旋转磁场,同时从电源吸收电能,并产生且通过旋转磁场把电能转换成转子上的机械能,所以与直流电机不同,交流电机定子是电枢。另外,定、转子之间还必须有一定间隙(称为空气隙),以保证转子的自由转动。异步电动机的空气隙较其他类型的电动机气隙要小,一般为0.2~2mm。

三相异步电动机外形有开启式、防护式、封闭式等多种形式,以适应不同的工作需要。在某些特殊场合,还有特殊的外形防护形式,如防爆式、潜水泵式等。不管外形如何,电动机结构基本上是相同的。现以封闭式电动机为例,介绍三相异步电动机的结构。图1-63是一台封闭式三相异步电动机解体后的零部件图。

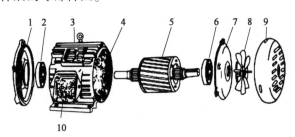

图1-63 封闭式三相异步电动机解体后的零部件图
1-端盖;2-轴承;3-机座;4-定子绕组;5-转子;6-轴承;7-端盖;8-风扇;9-风罩;10-接线盒

(1)定子结构:大型异步电动机定子结构和绕组形式和同步电动机基本相同。定子由机座、铁芯和线圈组成。小型异步电动机大多数采用自带风扇的封闭式冷却方式,结构形式是铸铁机座,并在机座上铸出很多散热筋,以增强散热效果。定子线圈多为散嵌软线圈,中型异步电动机定子一般采用径向通风道,铁芯段之间用通风槽板构成径向通风道,整个定子铁芯冲片用鸽尾槽套装在铸铁机座的定位筋上,两端用压圈压紧,定子线圈一般为成型线圈。

(2)转子结构:转子作为旋转部件,在工作时受到机械应力、电磁力和热应力的作用,设计时必须考虑要有较高的强度和刚度。异步电动机通过感应建立转子磁场,为了降低空载电流,提高效率和功率因素,气隙都比较小。为了保证转子同心度和装配气隙,制造时转子外表面都进行精车,以达到精密的公差范围。

3.2　异步电动机的工作原理

3.2.1　旋转磁场的形成

为简要说明异步电动机的工作原理,将三相异步电动机进行星形连接,如图1-64所示。

三相定子绕组 AX、BY、CZ,它们在空间按互差120°的规律对称排列。并接成星形与三相电源 U、V、W 相连,如图1-65所示。

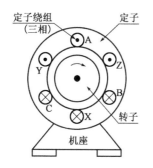
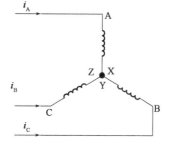

图1-64　三相异步电动机的结构示意图　　图1-65　三相异步电动机定子接线图

则三相定子绕组便通过三相对称电流,随着电流在定子绕组中通过:

$$\begin{cases} i_U = I_m \sin(\omega t) \\ i_V = I_m \sin(\omega t + 120°) \\ i_W = I_m \sin(\omega t - 120°) \end{cases}$$

当 $\omega t = 0°$ 时,$i_A = 0$,AX 绕组中无电流;i_B 为负,BY 绕组中的电流从 Y 流入,B_1 流出;i_C 为正,CZ 绕组中的电流从 C 流入,Z 流出;由右手螺旋定则可得合成磁场的方向,如图1-66a)所示。

当 $\omega t = 120°$ 时,$i_B = 0$,BY 绕组中无电流;i_A 为正,AX 绕组中的电流从 A 流入,X 流出;i_C 为负,CZ 绕组中的电流从 Z 流入 C 流出;由右手螺旋定则可得合成磁场的方向,如图1-66b)所示。

当 $\omega t = 240°$ 时,$i_C = 0$,CZ 绕组中无电流;i_A 为负,AX 绕组中的电流从 X 流入,A 流出;i_B 为正,BY 绕组中的电流从 B 流入,Y 流出;由右手螺旋定则可得合成磁场的方向如图1-66c)所示。

可见,当定子绕组中的电流变化一个周期时,合成磁场也按电流的相序方向在空间旋转一周。随着定子绕组中的三相电流不断地做周期性变化,产生的合成磁场也不断地旋转,因此称为旋转磁场(图1-67)。

3.2.2　旋转磁场的方向

旋转磁场的方向是由三相绕组中电流相序决定的,若想改变旋转磁场的方向,只要改变通入定子绕组的电流相序,即将三根电源线中的任意两根对调即可。这时,转子的旋转方向也跟着改变。

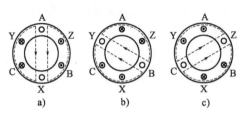

图 1-66　旋转磁场的形成

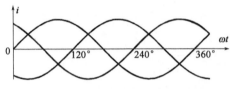

图 1-67　旋转磁场的周期

3.2.3　三相异步电动机及旋转磁场的极数(磁极对数 p)

三相异步电动机的极数就是旋转磁场的极数。旋转磁场的极数和三相绕组的安排有关。

当每相绕组只有一个线圈,绕组的始端之间相差 120°空间角时,产生的旋转磁场具有一对极,即 $p=1$。

当每相绕组为两个线圈串联,绕组的始端之间相差 60°空间角时,产生的旋转磁场具有两对极,即 $p=2$。

同理,如果要产生三对极,即 $p=3$ 的旋转磁场,则每相绕组必须有均匀安排在空间的串联的三个线圈,绕组的始端之间相差 40°($=120°/p$)空间角。极数 p 与绕组的始端之间的空间角 θ 的关系为: $\theta=120°/p$。

3.2.4　旋转磁场的转速 n_0

三相异步电动机旋转磁场的转速 n_0 与电动机磁极对数 p 有关,它们的关系是:

$$n_0 = \frac{60f_1}{p}$$

由此可知,旋转磁场的转速 n_0 决定于电流频率 f_1 和磁场的极数 p。对某一异步电动机而言, f_1 和 p 通常是一定的,所以磁场转速 n_0 是一个常数。

在我国,工频 $f_1=50$Hz,因此对应于不同极对数 p 的旋转磁场转速 n_0,见表 1-16。

不同极对数 p 与旋转磁场转速 n_0 对应关系　　　　　　　表 1-16

p	1	2	3	4	5	6
n_0	3000	1500	1000	750	600	500

3.2.5　转差率

电动机转子转动方向与磁场旋转的方向相同,但转子的转速 n 不可能达到与旋转磁场的转速 n_0 相等,否则转子与旋转磁场之间就没有相对运动,因而磁力线就不切割转子导体,转子电动势、转子电流以及转矩也就都不存在。也就是说,旋转磁场与转子之间存在转速差,这种电动机称为异步电动机,又因为这种电动机的转动原理是建立在电磁感应基础上的,故又称为感应电动机。

旋转磁场的转速 n_0 常称为同步转速。

转差率 s 是用来表示转子转速 n 与磁场转速 n_0 相差的程度的物理量。即：

$$s = \frac{n_0 - n}{n_0} = \frac{\Delta n}{n_0}$$

转差率是异步电动机的一个重要的物理量。

当旋转磁场以同步转速 n_0 开始旋转时，转子则因机械惯性尚未转动，转子的瞬间转速 $n = 0$，这时转差率 $s = 1$。转子转动起来之后，$n > 0$，$n_0 - n$ 差值减小，电动机的转差率 $s < 1$。如果转轴上的阻转矩加大，则转子转速 n 降低，即异步程度加大，才能产生足够大的感受电动势和电流，产生足够大的电磁转矩，这时的转差率 s 增大。反之，s 减小。异步电动机运行时，转速与同步转速一般很接近，转差率很小。在额定工作状态下约为 $0.015 \sim 0.06$。

根据推导，可以得到电动机的转速常用公式：

$$n = (1 - s)n_0 = (1 - s)\frac{60f_1}{p}$$

3.3 异步电动机的机械特性

3.3.1 异步电动机的转矩

异步电动机转矩的一般表达式为：

$$T = C_{Mj}\Phi_m I'_2 \cos(\varphi'_2)$$

式中：C_{Mj}——三相异步电动机的转矩系数，是一常数；

Φ_m——三相异步电动机的气隙每极磁通量；

I'_2——转子电流的折算值；

$\cos(\varphi'_2)$——转子电路的功率因数。

上式表明了电磁转矩与磁通量和转子电流的有功分量的乘积成正比，它是电磁力定律在三相异步电动机的应用，它从物理特性上描述了异步电动机的运行特性，因此这一表达式又称为异步电动机的物理表达式。

3.3.2 异步电动机的机械特性

异步电动机的机械特性也是指电磁转矩 T 与转子转速 n 之间的关系。转子转速 n 与同步转速 n_1、转差率 s 存在下列关系，即：

$$n = n_1(1 - s)$$

则三相异步电动机的机械特性用曲线表示时，如图 1-68 所示。习惯上纵坐标同时表示转速 n 和转差率 s，横坐标表示电磁转矩 T。

图 1-68 中，机械特性的几个特点：

（1）同步转速点 A：其特点是 $n = n_1(s = 0)$、$T = 0$。A 点为理想空载运行点，即在没有外界转矩的作用下，异步电动机本身不可能达到同步转速点。

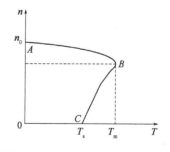

图 1-68 三相异步电动机的机械特性

（2）额定运行点 B：其特点是电磁转矩和转速均为额定值，用 T_N 和 n_N 表示，相应的额定转差率用 s_N 表示。异步电动机可长期运行在额定状态。

（3）最大转矩点 C：其特点是对应的电磁转矩为最大值 T_m，称为最大转矩，对应的转差率用 s_m，称为临界转差率。一般最大电磁转矩 T_m 与电压 U_1 平方成正比。

最大电磁转矩 T_m 与额定电磁转矩 T_N 的比值称为最大电磁转矩倍数，又称为过载能力或过载倍数，用 λ_m 表示，即：

$$\lambda_m = \frac{T_M}{T_N}$$

λ_m 是三相异步电动机运行性能的一个重要参数。三相异步电动机运行时，绝不可能长期运行在最大转矩处。因为，此时电流过大，温升会超过允许值，有可能烧毁电机，同时在最大转矩处运行转速也不稳定。

一般情况下，三相异步电动机的 $\lambda_m = 1.6 \sim 2.2$，起重、冶金、机械专用的三相异步电动机的 $\lambda_m = 2.2 \sim 2.8$。

（4）启动点 D：其特点是对应的转速 $n = 0$、$s = 1$，对应的转矩 T_S 称为启动转矩，又称为堵转转矩。它是异步电动机接通电源开始启动时的电磁转矩。一般 T_S 与电压 U_1 平方成正比。这说明，电源电压 U_1 过低，会引起启动转矩明显下降，甚至使 $T_S < T_N$，而造成电机不能启动。

启动转矩 T_S 与额定转矩 T_N 的比值称为转矩倍数，用 λ_S 表示，即：

$$\lambda_S = \frac{T_S}{T_N}$$

λ_S 是表征异步电动机启动性能的另一个重要参数。异步电动机启动时，必须保证有一定的过载倍数。只有 $\lambda_S > 1$ 时，异步电动机才能在额定负载下启动。

一般情况下，λ_S 是针对笼型电动机而言。因为绕线式电动机通过增加转子回路的电阻 r_2'，可加大或改变启动转矩。这是绕线式电动机的优点之一。一般的笼型电动机的 $\lambda_S = 1.0 \sim 2.0$；起重、冶金、机械专用的笼型电动机的 $\lambda_S = 2.8 \sim 4.0$。

3.3.3 三相异步电动机简单计算

对三相异步电动机而言，根据铭牌数据中的额定功率 P_N（kW）、额定转速 n_N（r/min）和过载倍数 λ_m，则额定输出转矩 T_N 为：

$$T_N = 9550 \frac{P_N}{n_N} \quad （N \cdot m）$$

额定转差率 s_N 为：

$$s_N = \frac{n_1 - n_N}{n_1}$$

3.3.4 异步电动机的特点

（1）异步电动机的转子绕组不需要与其他电源相连接，定子电流可直接取自电网，因此，与其他电动机相比，异步电动机供电方式简单，而且还具有结构简单、维护方便、运行可靠、价格较低等优点。

（2）异步电动机的最大力矩和供电电压平方成正比，因此，其最大力矩易受电网电压变化的影响,在低电压下运行,最大力矩将显著降低。

(3)异步电动机机械特性。由 $M=f(s)$ 说明,其最大力矩 M_{max} 与转子电阻的大小无关,而对应最大转矩 M_{max} 的临界滑差率 s_m,却与转子电阻 R_2 成比例关系。因此,绕线型异步电动机可以通过改变接入转子回路的电阻来进行调速。

(4)由于异步电动机转子电流依靠定子磁场感应产生,因而定、转子之间的空气隙应尽可能小,空气隙大了会增加空载电流,降低功率因数。但气隙过小,装配时易造成气隙不均匀,甚至定、转子铁芯相擦。

3.3.5 异步电动机应用范围

(1)异步电动机具有供电简单、维护方便和价格便宜等特点,被各个产业部门和家用电器所采用,它是各类电动机中采用数量最多、应用最广泛、最普及的一类电动机。

(2)转子绕组中串入电阻后即能调速,因此,绕线型异步电动机,往往应用于电梯、起重机、调速风机和水泵的驱动。

(3)笼型异步电动机无滑环滑动接触产生的火花,可用作防爆电动机。

3.4 异步电动机的控制

3.4.1 启动控制

1)直接启动

直接启动又称为全压启动,就是利用闸刀开关或接触器将电动机的定子绕组直接加到额定电压下启动。这种方法只用于小容量的电动机或电动机容量远小于供电变压器容量的场合。

2)降压启动

在启动时降低加在定子绕组上的电压,以减小启动电流,待转速上升到接近额定转速时,再恢复到全压运行。

3.4.2 调速控制

调速就是在同一负载下能得到不同的转速,以满足生产过程的要求。三相异步电动机的转速常用公式为:

$$n = (1-s)n_0 = (1-s)\frac{60f}{p}$$

可见,可通过三个途径进行调速:改变电源频率 f、改变磁极对数 p、改变转差率 s。前两者是笼型电动机的调速方法,后者是绕线式电动机的调速方法。

1)变频调速

此方法可获得平滑、范围较大的调速效果,且具有硬的机械特性;但必须有专门的变频装置——由可控硅整流器和可控硅逆变器组成,设备复杂,成本较高,应用范围不广。

2)变极调速

此方法不能实现无级调速,但它简单方便,常用于金属切割机床或其他生产机械上。

3)转子电路串电阻调速

在绕线式异步电动机的转子电路中,串入一个三相调速变阻器进行调速。此方法能平滑地调节绕线式电动机的转速,且设备简单、投资少;但变阻器增加了损耗,故常用于短时调速或调速范围不太大的场合。

由此可知,异步电动机的各种调速方法都不太理想,所以异步电动机常用于要求转速比较稳定或调速性能要求不高的场合。

3.4.3 制动控制

制动是给电动机一个与转动方向相反的转矩,促使它在断开电源后很快地减速或停转。对电动机制动,也就是要求它的转矩与转子的转动方向相反,这时的转矩称为制动转矩。常见的电气制动方法有:

1)反接制动

当电动机快速转动而需停转时,改变电源相序,使转子受一个与原转动方向相反的转矩而迅速停转。注意,当转子转速接近零时,应及时切断电源,以免电机反转。为了限制电流,对功率较大的电动机进行制动时,必须在定子电路(笼型)或转子电路(绕线式)中接入电阻。

这种方法比较简单,制动力强,效果较好,但制动过程中的冲击也强烈,易损坏传动器件,且能量消耗较大,频繁反接制动会使电机过热。对有些中型车床和铣床的主轴的制动常采用这种方法。

2)能耗制动

电动机脱离三相电源的同时,给定子绕组接入一直流电源,使直流电流通入定子绕组。于是,在电动机中便产生一方向恒定的磁场,使转子受一与转子转动方向相反的 F 力的作用,于是产生制动转矩,实现制动。直流电流的大小一般为电动机额定电流的 $0.5 \sim 1$ 倍。由于这种方法是用消耗转子的动能(转换为电能)来进行制动的,所以称为能耗制动。

这种制动能量消耗小,制动准确而平稳,无冲击,但需要直流电流。在有些机床中采用这种制动方法。

3)发电反馈制动

当转子的转速 n 超过旋转磁场的转速 n_0 时,这时的转矩也是制动的。

例如:当起重机快速下放重物时,重物拖动转子,使其转速 $n > n_0$,重物受到制动而等速下降。

3.4.4 反向控制

由三相异步电动机工作原理可知,电动机的转动方向与旋转磁场的方向一致,要改变电动机的转向只要改变旋转磁场的方向即可,而旋转磁场的方向由三相电源的相序决定。因此,将电动机的三根电源线中的任意两根对调,便可实现电动机的反转。

3.5 异步电动机的铭牌

三相异步电动机在出厂时,机座上都固定着一块铭牌,铭牌上标注着相关额定数据。主要的额定数据为:

(1)额定功率 P_N:电动机额定工作条件下,转轴上输出的机械功率,单位为 W 或 kW。

(2)额定电压 $U_N(V)$:电动机额定工作状态时,电源加于定子绕组上的线电压。

(3)额定电流 $I_N(A)$:电动机额定工作状态时,电源供给定子绕组上的线电流。

（4）额定转速 n_N（r/min）：电动机在定子绕组加额定电压，转轴输出额定功率时的转速。

（5）额定频率 f_N（Hz）：加在定子边的电源频率，我国规定标准工频为 50Hz。

（6）额定效率 η_N：电动机在额定运行条件下，转轴输出的机械功率（即额定功率）与定子侧输入的电功率（即额定输入功率）的比值。

此外，铭牌上还标明绕组的相数与接法（接成星形或三角形）、绝缘等级及温升等。对于绕线转子异步电动机，还应标明转子的额定电动势及额定电流。

4　交流同步电机

同步电机即转子的转速恒等于定子旋转磁场的转速的电机。

同步电机的主要运行方式有三种，即作为发电机、电动机和补偿机运行。作为发电机运行是同步电机最主要的运行方式，作为电动机运行是同步电机的另一种重要的运行方式。同步电动机的功率因数可以调节，在不要求调速的场合，应用大型同步电动机可以提高运行效率。近年来，小型同步电动机在变频调速系统中开始得到较多应用。同步电机还可以接于电网作为同步补偿机。这时，电机不带任何机械负载，靠调节转子中的励磁电流向电网发出所需的感性或者容性无功功率，以达到改善电网功率因数或者调节电网电压的目的。

XY 系列异步启动三相稀土永磁同步电动机，如图 1-69 所示。

4.1　同步电动机的基本结构

同步电机根据转子结构可分为凸极式和隐极式同步电机。凸极式同步电机转子上有明显凸出的成对磁极和励磁线圈，如图 1-70 所示。当励磁线圈中通过直流励磁电流后，每个磁极就出现一定的极性，相邻磁极交替为 N 极和 S 极。

图 1-69　XY 系列异步启动三相稀土永磁同步电动机　　图 1-70　凸极式同步电机

凸极式同步电机常用于水轮发电机，如图 1-71 所示。对水轮发电机来说，由于水轮机的转速较低，要发出工频电能，发电机的极数就比较多，做成凸极式结构，工艺上较为简单。另外，中小型同步电机大多也做成凸极式。

隐极式同步电机转子上没有凸出的磁极，如图 1-72 所示。沿着转子本体圆周表面上，开有许多槽，这些槽中嵌放着励磁绕组。在转子表面约 1/3 部分没有开槽，构成所谓大齿，是磁极的中心区。励磁绕组通入励磁电流后，沿转子圆周也会出现 N 极和 S 极。

图 1-71　水轮发电机　　　　　　　图 1-72　隐极式同步电机

汽轮发电机一般都选用隐极式同步电机,如图 1-73 所示。在大容量、高转速汽轮发电机中,转子圆周线速度极高,最大可达 170m/s。为了减小转子本体及转子上的各部件所承受的巨大离心力,大型汽轮发电机都做成细长的隐极式圆柱体转子。考虑到转子冷却和强度方面的要求,隐极式转子的结构和加工工艺较为复杂。

图 1-73　汽轮发电机

在数学模型中,凸极式和隐极式同步电机的结构不同在于,凸极式同步电机直轴和交轴气隙不同,直轴(沿转子轴向)气隙小,磁阻小,而交轴(和转子轴向垂直方向)气隙大,磁阻也大。而隐极式同步电机则各个方向的气隙相同。

4.2　同步电动机的工作原理

同步电动机是一种将三相交流电变换成恒定转速、输出机械功率的电机。在同步电机定子上,齿槽冲片叠成的铁芯上嵌装了三相绕组,而转子上装有直流励磁的磁极。定子铁芯内的三相绕组是这样设置的:各相绕组是对称的,在定子表面各相带占 120°电角度,而各相电势相位也差 120°电角度,如图 1-74 所示。

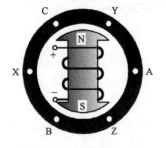

根据电机学电势向量分析可知,这个三相绕组通电后将在定子空间产生一个与电网频同步的旋转磁场。而其转子磁场由于是恒定励磁,相对于转子是静止的,定、转子磁场作用结果是,转子磁场被定子磁场吸引,以同步速度旋转,并产生电磁转矩。因此,电动机以同步速度运行,并输出机械转矩。

同步转速是由电网频率和极对数决定的,即:

$$n = 60f/p \quad (\text{r/min})$$

图 1-74　同步电机结构模型

式中:f——电网频率(Hz);

p——极对数。

同步电机的主要功能是进行机械能与恒定频率交流电之间的相互转换。现代的工业交流电源,需要保持其频率恒定而采用同步发电机。将同步电动机接入交流电源作电动机运行便成为同步电动机。同步电动机具有恒定的转速特性和良好的功率因数等,故得到了广泛应用。

4.3 同步电动机的特点及应用范围

4.3.1 同步电动机的特点

(1)转速不随负载和电压而变化,只与频率有关。

(2)运行稳定性好,具有较强过载能力。

(3)运行效率高,在低速时,这一点尤为突出。

(4)能以超前功率因数运行,有利于改善电网功率因数。

(5)缺点是不宜连续启动。

4.3.2 同步电动机的应用范围

同步电动机主要用于恒速运行大型机械的驱动,如球磨机、空压机、鼓风机、各类大泵等。在实际使用场合中,是以大型同步机为主,中、小型同步机较少使用,目前大型高炉鼓风机、制氧机用高速同步机单机容量已达 70MW。同步电动机为了满足被驱动机械的要求,可以设计成具有不同的特性。如轧钢电动机具有较大过载能力和承受冲击负荷能力;球磨机同步电动机具有较大的启动力矩,拍动往复式压缩机的同步电动机应具有较大的飞轮力矩等。

 复习提高

1. 三相异步电动机在一定的负载转矩下运行时,如果电源电压降低,电动机的转矩、电流及转速有无变化?

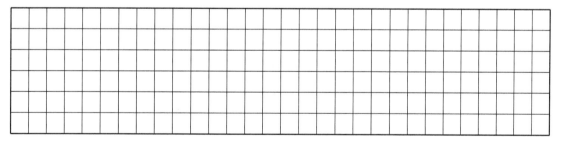

2. 什么是三相异步电动机的同步转速?它的大小与哪些因素有关?

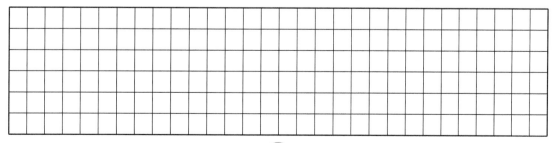

3.一台 Y225M-4 型三相异步电动机,定子绕组三角形连接,其额定数据为:$P_{2N}=45\text{kW}$,$n_N=1480\text{r}/\min$,$U_N=380\text{V}$,$\eta_N=92.3\%$,$\cos\varphi_N=0.88$,$I_{st}/I_N=7.0$,$T_{st}/T_N=1.9$,$T_{max}/T_N=2.2$,求:

(1)额定电流 I_N 是多少?

(2)额定转差率 s_N 是多少?

(3)额定转矩 T_N、最大转矩 T_{max} 和启动转矩 T_N 分别是多少?

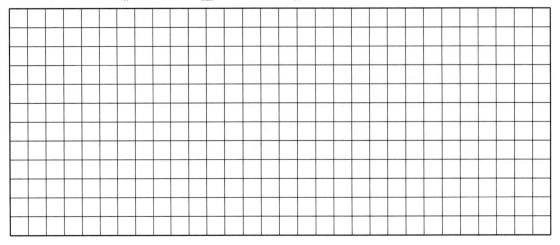

4.什么是转差率?它与哪些因素有关?

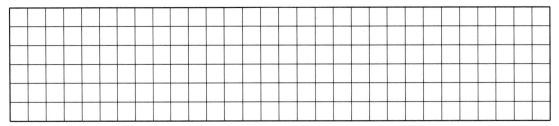

5.三相异步电动机的调速方法有哪几种?

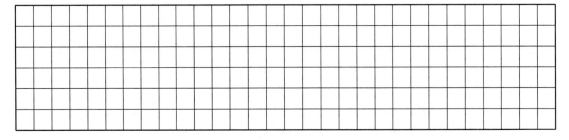

基础知识1-4 电 气 制 图

学习目标

了解电气图的分类,以及不同电气图的特点;掌握一般电气元件的电气符号,一般电气图

绘制的原则;能够绘制简单电路的电路图、位置图以及接线图。

 知识模块

电气图,即用电气图形符号、带注释的围框或简化外形表示电气系统或设备中组成部分之间相互关系及其连接关系的一种图。广义地说,表明两个或两个以上变量之间关系的曲线,用以说明系统、成套装置或设备中各组成部分的相互关系或连接关系,或者用以提供工作参数的表格、文字等,也属于电气图之列。

1 电气图的分类

常见电气图的分类见表1-17。

常见电气图分类 表1-17

序号	名称	介绍	示例
1	系统图	系统图,又称框图或概略图,它是用符号或带注释的框,概略表示系统或分系统的基本组成、相互关系及其主要特征的一种简图	
2	电路图	电路图,又称电气原理图,即用图形符号、文字符号、项目代号等表示电路各个电气元件之间的关系和工作原理的图。电气原理图结构简单、层次分明,适用于研究和分析电路原理,并可为寻找故障提供帮助,同时也是编制电气安装接线图的依据,应用广泛	
3	功能图	表示理论的或理想的电路而不涉及实现方法的一种图,其用途是提供绘制电路图或其他有关图的依据	

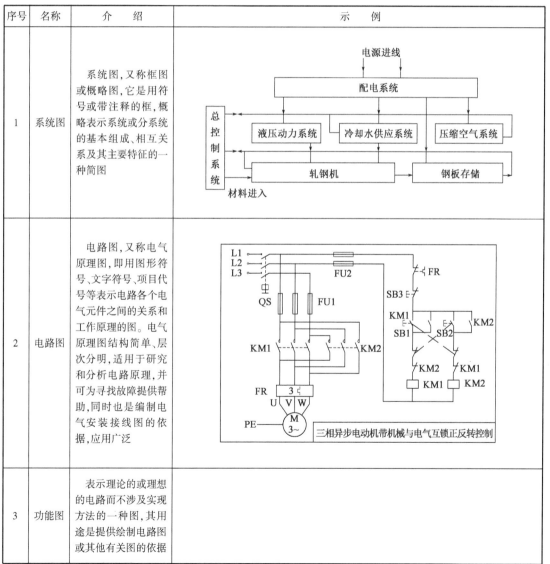

续上表

<table>
<tr><th>序号</th><th>名称</th><th>介　　绍</th><th>示　　例</th></tr>
<tr><td>4</td><td>逻辑图</td><td>主要用二进制逻辑(与、或、异或等)单元图形符号绘制的一种简图，其中只表示功能而不涉及实现方法的逻辑图叫纯逻辑图</td><td>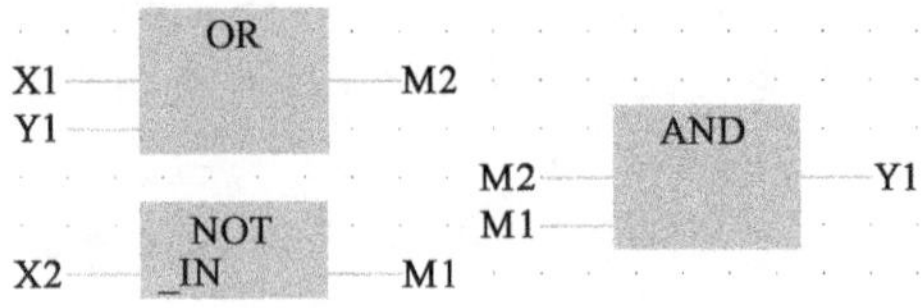
</td></tr>
<tr><td>5</td><td>功能表图</td><td>表示控制系统的作用和状态的一种图</td><td>
<table>
<tr><th colspan="12">74LS192同步十进制可逆计数器功能表</th></tr>
<tr><th colspan="8">输入</th><th colspan="4">输出</th></tr>
<tr><td>MR</td><td>PL</td><td>CP_U</td><td>CP_D</td><td>P3</td><td>P2</td><td>P1</td><td>P0</td><td>Q3</td><td>Q2</td><td>Q1</td><td>Q0</td></tr>
<tr><td>1</td><td>×</td><td>×</td><td>×</td><td>×</td><td>×</td><td>×</td><td>×</td><td>0</td><td>0</td><td>0</td><td>0</td></tr>
<tr><td>0</td><td>0</td><td>×</td><td>×</td><td>d</td><td>c</td><td>b</td><td>a</td><td>d</td><td>c</td><td>b</td><td>a</td></tr>
<tr><td>0</td><td>1</td><td></td><td>1</td><td>×</td><td>×</td><td>×</td><td>×</td><td colspan="4">加计数</td></tr>
<tr><td>0</td><td>1</td><td>1</td><td></td><td>×</td><td>×</td><td>×</td><td>×</td><td colspan="4">减计数</td></tr>
</table>
</td></tr>
<tr><td>6</td><td>等效电路图</td><td>表示理论的或理想的元件(如R、L、C)及其连接关系的一种功能图</td><td>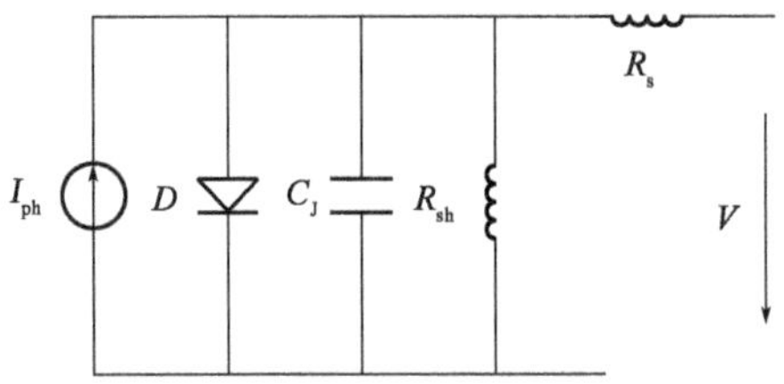
</td></tr>
<tr><td>7</td><td>程序图</td><td>详细表示程序单元和程序片及其互连关系的一种简图</td><td>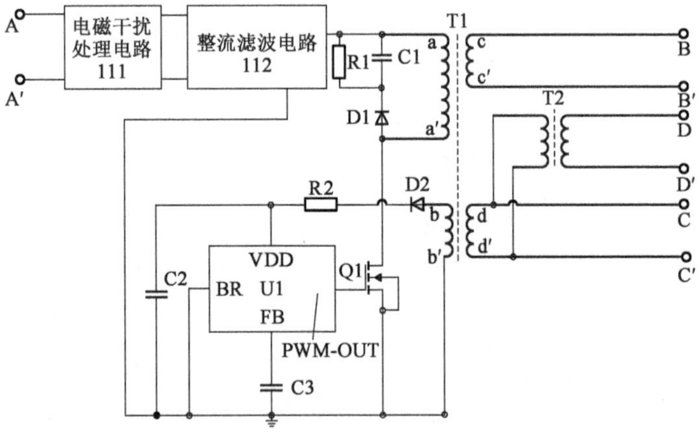
</td></tr>
<tr><td>8</td><td>设备元件表</td><td>把成套装置、设备和装置中各组成部分和相应数据列成的表格其用途表示各组成部分的名称、型号、规格和数量等</td><td>见表1-18</td></tr>
</table>

序号	名称	介绍	示例
9	端子功能图	表示功能单元全部外接端子,并用功能图、表图或文字表示其内部功能的一种简图	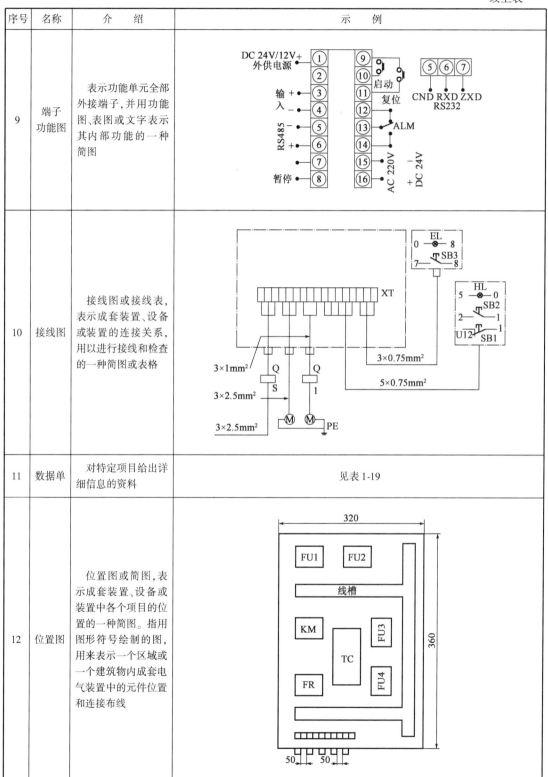
10	接线图	接线图或接线表,表示成套装置、设备或装置的连接关系,用以进行接线和检查的一种简图或表格	
11	数据单	对特定项目给出详细信息的资料	见表 1-19
12	位置图	位置图或简图,表示成套装置、设备或装置中各个项目的位置的一种简图。指用图形符号绘制的图,用来表示一个区域或一个建筑物内成套电气装置中的元件位置和连接布线	

某柴油机泵自动控制柜主要设备元件表　　　　表 1-18

序号	名　称	规 格 型 号	规 格 要 求	数量	厂家
1	可编程控制器	TSX08CD08R6AS	DC 24V	1个	施耐德
2	数字扩展模块	TSX08ED12R8	DC 24V	1个	施耐德
3	圆钮	XB2-BA31C	绿色	1个	施耐德
4	开关电源	型号待定	DC 24V 输入、DC 24V 输出	1个	施耐德
5	断路器	C65-10A/1P	C65,10A,1P	1个	施耐德
6	指示灯	XB2BVM5C	AC 220V,黄色	1个	施耐德
7	时间继电器	型号待定	DC 24V,10s	1个	施耐德
8	分流器	型号待定	15A,75mA	1个	施耐德
9	二极管	ZP10	10A	1个	施耐德
10	断路器	C65-10A/1P	10A	1个	施耐德

铜芯线安全载流量数据单(室内布线)　　　　表 1-19

序号	铜芯线规格	安全载流(A)	能承载负荷(kW)	序号	铜芯线规格	安全载流(A)	能承载负荷(kW)
1	1mm²	17	3.74	5	6mm²	48	10.56
2	1.5mm²	21	4.62	6	10mm²	65	14.3
3	2.5mm²	28	6.16	7	16mm²	91	20.02
4	4mm²	35	7.7	8	25mm²	120	26.4

2　电气图的特点

(1)电气图的作用:阐述电气的工作原理,描述产品的构成和功能,提供装接和使用信息的重要工具和手段。

(2)简图是电气图的主要表达方式,是用图形符号、带注释的围框或简化外形表示系统或设备中各组成部分之间相互关系及其连接关系的一种图。

(3)元件和连接线是电气图的主要表达内容,一个电路通常由电源、开关设备、用电设备和连接线四个部分组成,如果将电源设备、开关设备和用电设备看成元件,则电路由元件与连接线组成,或者说各种元件按照一定的次序用连接线起来就构成一个电路。

(4)图形符号、文字符号(或项目代号)是电气图的主要组成部分。一个电气系统或一种电气装置同各种元器件组成,在主要以简图形式表达的电气图中,无论是表示构成、表示功能,还是表示电气接线等等,通常用简单的图形符号表示。

(5)对能量流、信息流、逻辑流、功能流的不同描述构成了电气图的多样性。一个电气系统中,各种电气设备和装置之间,从不同角度、不同侧面存在着不同的关系。

①能量流——电能的流向和传递。

②信息流——信号的流向和传递。

③逻辑流——相互间的逻辑关系。

④功能流——相互间的功能关系。

3　电气图图形符号

电气图图形符号是,用于图样或其他文件以表示一个设备或概念的图形、标记或字符;或是,通过书写、绘制、印刷或其他方法产生的可视图形,是一种以简明易懂的方式来传递一种信息,表示一个实物或概念,并可提供有关条件、相关性及动作信息的工业语言。

3.1　图形符号的组成

图形符号由一般符号、符号要素、限定符号等组成。

(1)一般符号:表示一类产品或此类产品特性的一种通常很简单的符号。

(2)符号要素:它是具有确定意义的简单图形,必须同其他图形组合,以构成一个设备或概念的完整符号。

(3)限定符号:用以提供附加信息的一种加在其他符号上的符号,见表1-20。它一般不能单独使用,但一般符号有时也可用作限定符号。

(4)方框符号:表示元件、设备等的组合及其功能,既不给出元件、设备的细节,也不考虑所有连接的一种简单图形符号。

限定符号的类型 表1-20

序号	符 号 类 型	介　　　绍
1	电流和电压的种类	如交、直流电,交流电中频率的范围,直流电正、负极,中性线、中性线等
2	可变性	可变性分为内在的和非内在的; 内在的可变性指可变量决定于器件自身的性质,如压敏电阻的阻值随电压而变化; 非内在的可变性指可变量由外部器件控制的,如滑线电阻器的阻值是借外部手段来调节的
3	力和运动的方向	用实心箭头符号表示力和运动的方向
4	流动方向	用开口箭头符号表示能量、信号的流动方向
5	特性量的动作相关性	它是指设备、元件与速写值或正常值等相比较的动作特性,通常的限定符号是 >、<、=、≈ 等
6	材料的类型	可用化学元素符号或图形作为限定符号
7	效应或相关性	指热效应、电磁效应、磁致伸缩效应、磁场效应、延时和延迟性等;分别采用不同的附加符号加在元器件一般符号上,表示被加符号的功能和特性。限定符号的应用使得图形符号更具有多样性

3.2　图形符号的分类

(1)导线和连接器件:各种导线、接线端子和导线的连接、连接器件、电缆附件等。

(2)无源元件:包括电阻器、电容器、电感器等。

(3)半导体管和电子管:包括二极管、三极管、晶闸管、电子管、辐射探测器等。

(4)电能的发生和转换:包括绕组、发电机、电动机、变压器、变流器等。

（5）开关、控制和保护装置：包括触点（触头）、开关、开关装置、控制装置、电动机启动器、继电器、熔断器、间隙、避雷器等。

（6）测量仪表、灯和信号器件：包括指示积算和记录仪表、热电偶、遥测装置、电钟、传感器、灯、喇叭和铃等。

（7）电信交换和外围设备：包括交换系统、选择器、电话机、电报和数据处理设备、传真机、换能器、记录和播放等。

（8）电信传输：包括通信电路、天线、无线电台及各种电信传输设备。

（9）电力、照明和电信布置：包括发电站、变电站、网络、音响和电视的电缆配电系统、开关、插座引出线、电灯引出线、安装符号等。适用于电力、照明和电信系统和平面图。

（10）二进制逻辑单元：包括组合和时序单元、运算器单元、延时单元、双稳、单稳和非稳单元、位移寄存器、计数器和贮存器等。

（11）模拟单元：包括函数器、坐标转换器、电子开关等。

3.3　常用图形符号应用说明

（1）所有的图形符号，均由按无电压、无外力作用的正常状态示出。

（2）在图形符号中，某些设备元件有多个图形符号，有优选形、其他形、形式1、形式2等。选用符号的遵循原则：尽可能采用优选形；在满足需要的前提下，尽量采用最简单的形式；在同一图号的图中使用同一种形式。

（3）符号的大小和图线的宽度一般不影响符号的含义，在有些情况下，为了强调某些方面或者为了便于补充信息，或者为了区别不同的用途，允许采用不同大小的符号和不同宽度的图线。

（4）为了保持图面的清晰，避免导线弯折或交叉，在不致引起误解的情况下，可以将符号旋转或成镜像放置，但此时图形符号的文字标注和指示方向不得倒置。

（5）图形符号一般都画有引线，但在绝大多数情况下引线位置仅用作示例，在不改变符号含义的原则下，引线可取不同的方向。如引线符号的位置影响到符号的含义，则不能随意改变，否则引起歧义。

（6）现行的《电气简图用图形符号》（GB 4728）中比较完整地列出了符号要素、限定符号和一般符号，但组合符号是有限的。若某些特定装置或概念的图形符号在标准中未列出，允许通过已规定的一般符号，限定符号和符号要素适当组合，派生出新的符号。

（7）符号绘制：电气图用图形符号是按网格绘制出来的，但网格未随符号示出。

3.4　电气设备用图形符号

（1）电气设备用图形符号是完全区别于电气图用图形符号的另一类符号。主要适用于各种类型的电气设备或电气设备部件上，使得操作人员知晓其用途和操作方法，也可用于安装或移动电气设备的场合，诸如禁止、警告、规定或限制等注意事项。

（2）电气设备用图形符号的用途：识别、限定、说明、命令、警告、指示。

（3）设备用图形符号须按一定比例绘制。含义明确，图形简单、清晰、易于理解、易于辨认和识别。

4　电气技术中的文字符号

电气技术中的文字符号分基本文字符号和辅助文字符号。

1）基本文字符号

基本文字符号分单字母符号和双字母符号,如表1-21所示。

（1）单字母符号:用拉丁字母将各种电气设备、装置和元器件划分为23大类,每大类用一个专用单字母符号表示。如R为电阻器、Q为电力电路的开关器件类等。

（2）双字母符号:表示种类的单字母与另一字母组成,其组合形式以单字母符号在前,另一个字母在后的次序列出。双字母符号中的另一个字母通常选用该类设备、装置和元器件的英文名词的首位字母,或常用缩略语,或约定俗成的习惯用字母。如F表示保护器件类、FU表示熔断器、FR表示热继电器等。

单字母和双字母符号的使用规则　　　　　　表1-21

基本文字符号		项目种类	设备、装置元器件举例	基本文字符号		项目种类	设备、装置元器件举例
单字母	双字母			单字母	双字母		
A	AT	组件部件	抽屉柜	Q	QF QM QS	开关器件	断路器 电动机保护开关 隔离开关
B	BP BQ BT BV	非电量到电量变换器,或电量到非电量变换器	压力变换器 位置变换器 温度变换器 速度变换器	R	RP RT RV	电阻器	电位器 热敏电阻器 压墩电阻器
F	FU FV	保护器件	熔断器限压保护器件	S	SA SB SP SQ ST	控制、记忆、信号电路的开关器件选择器	控制开关 按钮开关 压力传感器 位置传感器 温度传感器

2）辅助文字符号

辅助文字符号:表示电气设备、装置和元器件以及线路的功能、状态和特性的,通常也是由英文单词的前一两个字母构成。它一般放在基本文字符号后边,构成组合文字符号。如K3M中的M,表示监视或测量的功能;KA3.2表示第三个继电器的第二个触点等。

文字符号的原则:

（1）在不违背前面所述原则的基础上,可采用国际标准中规定的电气技术文字符号。

（2）在优先采取规定的单字母符号、双字母符号和辅助文字符号的前提下,可补充有关的双字母符号和辅助文字符号。

（3）文字符号应按有关电气名词术语国家标准或专业标准中规定的英文术语缩写而成。同一设备若有几种名称时,应选用其中一个名称。当设备名称、功能、状态或特征为一个英文单词时,一般采用该单词的第一位字母构成文字符号,需要时也可用前两位字母,或前两个音节的首位字母,或采用常用缩略语或约定俗成的习惯用法构成;当设备名称、功能、状态或特性为两个或三个英文单词时,一般采用两个或三个音节的第一位字母,或采用常用缩略语或约定俗成的习惯用法构成文字符号。

(4)因 I、O 易同于 1 和 0 混淆,因此,不允许单独作为文字符号使用。

5　电气图图纸

5.1　电气图的幅面

电气图由边框线、图框线、标题栏、会签栏组成。边框线围成的图面及图纸的幅面,内框为粗实线,外框表示图纸边界为细实线。绘制图框时,其格式可分为不留装订边(图1-75)和留装订边(图1-76)两种。

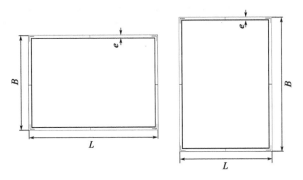

图 1-75　不留装订边的图框格式和标题栏配置

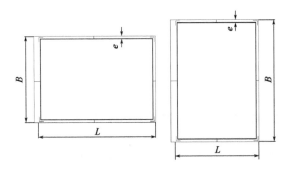

图 1-76　留装订边的图框格式和标题栏配置

图纸幅面优先采用规定的基本幅面,如表 1-22 所示。

基本幅面(单位:mm)　表 1-22

幅面代号	A0	A1	A2	A3	A4
$B \times L$	841×1189	594×841	420×594	297×420	210×297
e	20			10	
c	10			5	
a	25				

A0 ~ A2 号图纸一般不得加长。A3、A4 号图纸可根据需要,沿短边加长,若基本幅面无法满足绘图要求,则也可采用表 1-23 所规定的加长幅面。保证幅面布局紧凑、清晰和使用方便是选择幅面尺寸的基本前提。同时,还要考虑所设计对象的规模和复杂程度、由简图种类所确定的资料的详细程度、复印和缩微的要求、计算机辅助设计的要求以及便于图纸的装订和管理等要素的情况下尽量选用较小幅面。

加长幅面(单位:mm)   表 1-23

幅 面 代 号	尺寸($B \times L$)	幅 面 代 号	尺寸($B \times L$)
A3 × 3	420 × 891	A4 × 4	297 × 841
A3 × 4	420 × 1189	A4 × 5	297 × 1051
A4 × 3	297 × 630		

5.2 标题栏

标题栏是用以确定图样名称、图号、张次、更改和有关人员签名等内容的栏目,相当于图样的"铭牌",如图 1-77 所示。

标记	处数	分区	更改文件号	签名	年、月、日			
设计	(签名)	(年月日)	标准化	(签名)	(年月日)	阶段标记	重量	比例
审核								1:1
工艺			批准			共 张 第 页		

图 1-77 标题栏

标题栏的位置一般在图纸的右下方或下方。标题栏中的文字方向为看图方向,会签栏是供各相关专业的设计人员会审图样时签名和标注日期用。

5.3 图幅的区分

在图的边框处,竖边方向用大写拉丁字母,横边方向用阿拉伯数字,编号的顺序从标题栏相对的左上角开始,分区数就是偶数。区的代号为字母 + 数字,如图 1-78 所示。

如在相同图号第 34 张 A6 区内,标记为 34/A6。

6 电路图的绘制原则

(1)电气原理图中的电气元件是按未通电和没有受外力作用时的状态绘制。在不同的工作阶段,各个电器的动作不同,触点时闭时开。而在电气原理图中只能表示出一种情况。因此,规定所有电器的触点均表示在原始情况下的位置,即在没有通电或没有发生机械动作时的位置。对接触器来说,是线圈未通电,触点未动作时的位置;对按钮来说,是手指未按下按钮时触点的位置;对热继电器来说,是常闭触点在未发生过载动作时的位置等等。

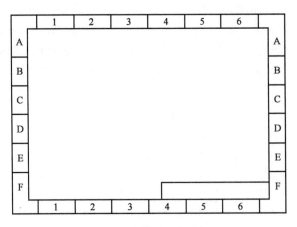

图 1-78　图幅分区表示法

（2）触点的绘制位置。使触点动作的外力方向必须是：当图形垂直放置时，为从左到右，即垂线左侧的触点为常开触点，垂线右侧的触点为常闭触点；当图形水平放置时，为从下到上，即水平线下方的触点为常开触点，水平线上方的触点为常闭触点。

（3）主电路、控制电路和辅助电路应分开绘制。主电路是设备的驱动电路，是从电源到电动机大电流通过的路径；控制电路是由接触器和继电器线圈、各种电器的触点组成的逻辑电路，实现所要求的控制功能；辅助电路包括信号、照明、保护电路。

（4）动力电路的电源电路绘成水平线，接受电的动力装置（电动机）及其保护电器支路应垂直于电源电路。

（5）主电路用垂直线绘制在电气原理图的左侧，控制电路用垂直线绘制在图的右侧，控制电路中的耗能元件画在电路的最下端。

（6）电气原理图中自左而右或自上而下表示操作顺序，并尽可能减少线条和避免线条交叉。

（7）电气原路图中有直接电联系的交叉导线的连接点（即导线交叉处）要用黑圆点表示。无直接电联系的交叉导线，交叉处不能画黑圆点。

（8）在电气原理图的上方，将图分成若干图区，并标明该区电路的用途与作用；在继电器、接触器线圈下方列有触点表，以说明线圈和触点的从属关系。

7　位置图的布局方法

（1）机械制图与简图布局方法的区别：机械图必须严格按机件的位置进行布局，而简图的布局则可根据具体情况灵活进行。

（2）图线的布置：表示导线、信号通路、连接线等的图线一般应为直线，即横平竖直，尽可能减少交叉和弯折。

①水平布置：将设备和元件按行布置，使得其连接线一般成水平布置。

②垂直布置：将设备或元件按列排列，连接线成垂直布置。

③交叉布置：将相应的元件连接成对称的布局。

（3）电路或元件的布局。

①功能布局法：简图中元件符号的布置，只考虑便于看出它们所表示的元件功能关系，而

不考虑实际位置的一种布局方法。在此布局中,将表示对象划分为若干功能组,按照因果关系从左到右或从上到下布置;每个功能组的元件应集中布置在一起,并尽可能按工作顺序排列。大部分电气图为功能图。布局时应遵守的原则:

A. 布局顺序应是从左到右或从上到下。

B. 如果信息流或能量流从右到左或从上到下,以及流向对看图都不明显时,应在连接线上画开口箭头。开口箭头不应与其他符号相邻近。

C. 在闭合电路中,前向通路上的信息流方向应该是从左到右或从上到下。反馈通路的方向则相反。

D. 图的引入引出线最好画在图纸边框附近。

②位置布局法:指简图中元件符号的布置对应于该元件实际位置的布局方法。此种布局可以看出元件的相对位置和导线的走向。布局时应遵守的原则:

A. 电气元件均用粗实线绘制出简单的外形轮廓。

B. 绘制电气元件布置图时,电动机要和被拖动的机械装置画在一起;行程开关应画在获取信息的地方;操作手柄应画在便于操作的地方。

C. 绘制电气元件布置图时,各电气元件之间,上、下、左、右应保持一定的间距,并且应考虑器件的发热和散热因素,应便于布线、接线和检修。

8 接线图的绘制原则

8.1 接线图分类

(1)单元接线图或单元接线表:表示成套装置或设备中一个结构单元内的连接关系的一种接线图或接线表(结构单元指在各种情况下可独立运行的组件或某种组合体)。

(2)互连接线图或互连接线表:表示成套装置或设备的不同单元之间连接关系的一种接图或接线表。

(3)端子接线图或端子接线表:表示成套装置或设备的端子,以及接在端子上的外部接线(必要时包括内部接线)的一种接线图或接线表。

(4)电费配置图或电费配置表:提供电缆两端位置,必要时还包括电费功能、特性和路径等信息的一种接线图或接线表。

8.2 接线图的绘制原则

(1)绘制电气安装接线图时,各电气元件均按其在安装底板中的实际位置绘出。元件所占图面按实际尺寸以统一比例绘制。

(2)绘制电气安装接线图时,一个元件的所有部件绘在一起,并用点画线框起来,有时将多个电气元件用点画线框起来,表示它们是安装在同一安装底板上的。

(3)绘制电气安装接线图时,安装底板内外的电气元件之间的连线通过接线端子板进行连接,安装底板上有几条接至外电路的引线,端子板上就应绘出几个线的接点。

(4)绘制电气安装接线图时,走向相同的相邻导线可以绘成一股线。

复习提高

1.常见电气图有哪几种？各自的特点是什么？

2.常见电气元件有哪些？试画出它们的电气符号并简要说明各自的作用。

3.电气图常见图幅的大小是多少？

4. 位置图的布局方法有哪几种？各自的特点是什么？

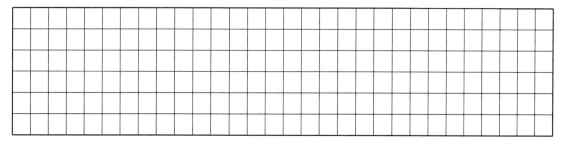

5. 图形符号由哪些要素组成？

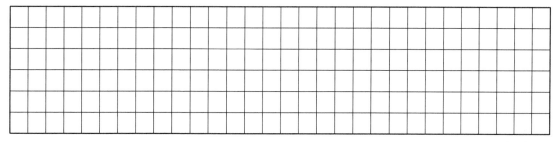

6. 简述电路图的绘制原则。

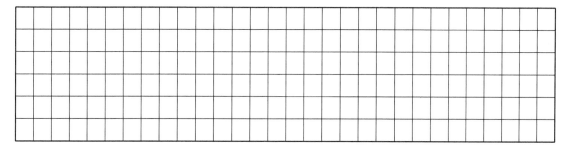

基础知识 1-5　可编程逻辑控制器(PLC)概述

 学习目标

　　了解 PLC 的概念,PLC 的结构及各部分的作用;掌握 PLC 的工作原理,常见编程元件以及编程规约;能够进行简单 PLC 程序的编写。

 知识模块

　　可编程逻辑控制器(Programmable Logic Controller,PLC)控制系统,是一种数字运算操作的电子系统,专为在工业环境应用而设计,如图 1-79 所示。它采用一类可编程的存储器,用于其内部存储程序、执行逻辑运算、顺序控制、定时、计数与

图 1-79　西门子 S7-200 系列 PLC 外形图

算术操作等面向用户的指令,并通过数字或模拟式输入/输出控制各种类型的机械或生产过程。

自20世纪60年代美国推出PLC取代传统继电器控制装置以来,PLC得到了快速发展,在世界各地得到了广泛应用。同时,PLC的功能也不断完善。随着计算机技术、信号处理技术、控制技术、网络技术的不断发展和用户需求的不断提高,PLC在开关量处理的基础上增加了模拟量处理和运动控制等功能。如今,PLC不再局限于逻辑控制,在运动控制、过程控制等领域也发挥着十分重要的作用。中央处理单元(CPU)是PLC控制器的控制中枢。

1 PLC 的结构

PLC的结构多种多样,但其组成的一般原理基本相同,都是以微处理器为核心的结构。通常由中央处理单元(CPU)、存储器(RAM、ROM)、输入/输出单元(I/O 单元)、电源和编程器等几部分组成。PLC的硬件系统结构,如图1-80所示。

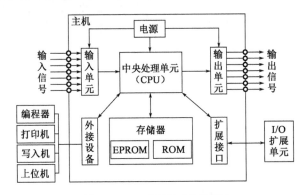

图 1-80　PLC 的硬件系统结构图

其中各个部分的介绍见表1-24。

PLC 的结构组成及其作用　　　　　　　　　　　表 1-24

序号	组成单元	单元介绍
1	中央处理单元(CPU)	CPU 作为整个 PLC 的核心,起着总指挥的作用。CPU 一般由控制电路、运算器和寄存器组成。这些电路通常都被封装在一个集成电路的芯片上。CPU 通过地址总线、数据总线、控制总线与存储单元、输入输出接口电路连接。CPU 的功能有:从存储器中读取指令、执行指令、取下一条指令、处理中断
2	存储器(RAM、ROM)	存储器主要用于存放系统程序、用户程序及工作数据。存放系统软件的存储器称为系统程序存储器;存放应用软件的存储器称为用户程序存储器;存放工作数据的存储器称为数据存储器。常用的存储器有 RAM、EPROM 和 EEPROM。RAM 是一种可进行读写操作的随机存储器存放用户程序,生成用户数据区,存放在 RAM 中的用户程序可方便地修改。RAM 存储器是一种高密度、低功耗、价格便宜的半导体存储器,可用锂电池做备用电源。掉电时,可有效地保持存储的信息。EPROM、EEPROM 都是只读存储器。用这些类型存储器固化系统管理程序和应用程序
3	输入/输出单元(I/O 单元)	I/O 单元实际上是 PLC 与被控对象间传递输入/输出信号的接口部件。I/O 单元有良好的电隔离和滤波作用。接到 PLC 输入接口的输入器件是各种开关、按钮、传感器等。PLC 的各输出控制器件往往是电磁阀、接触器、继电器,而继电器有交流和直流型、高电压型和低电压型、电压型和电流型
4	电源	PLC 电源单元包括系统的电源及备用电池,电源单元的作用是把外部电源转换成内部工作电压。PLC 内有一个稳压电源用于对 PLC 的 CPU 单元和 I/O 单元供电

续上表

序号	组成单元	单 元 介 绍
5	I/O 扩展单元	I/O 扩展接口用于将扩充外部输入/输出端子数的扩展单元与基本单元(即主机)连接在一起
6	外设接口	此接口可将打印机、条码扫描仪、变频器等外部设备与主机相连,以完成相应的操作
7	编程器	编程器是 PLC 的最重要外围设备。利用编程器将用户程序送入 PLC 的存储器,还可以用编程器检查程序,修改程序,监视 PLC 的工作状态。除此以外,在个人计算机上添加适当的硬件接口和软件包,即可用个人计算机对 PLC 编程。利用微机作为编程器,可以直接编制并显示梯形图

2　PLC 的工作原理

PLC 是采用顺序扫描、不断循环的方式进行工作的。即在 PLC 运行时,CPU 根据用户按控制要求编制好并存于用户存储器中的程序,依指令步序号(或地址号)做周期性循环扫描,如无跳转指令,则从第一条指令开始逐条顺序执行用户程序,直至程序结束。然后重新返回第一条指令,开始下一轮新的扫描。在每次扫描过程中,还要完成对输入信号的采样和对输出状态的刷新等工作。

PLC 的一个扫描周期必经程序采样、程序执行和输出刷新三个阶段,如图 1-81 所示。

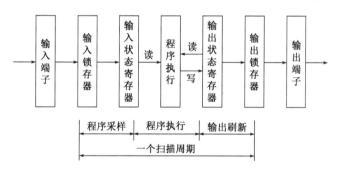

图 1-81　PLC 的工作原理图

PLC 在程序采样阶段:首先以扫描方式按顺序将所有暂存在输入锁存器中的输入端子的通断状态或输入数据读入,并将其写入各对应的输入状态寄存器中,即刷新输入。随即关闭输入端口,进入程序执行阶段。

PLC 在程序执行阶段:按用户程序指令存放的先后顺序扫描执行每条指令,经相应的运算和处理后,其结果再写入输出状态寄存器中,输出状态寄存器中所有的内容随着程序的执行而改变。

输出刷新阶段:当所有指令执行完毕,输出状态寄存器的通断状态在输出刷新阶段送至输出锁存器中,并通过一定的方式(继电器、晶体管或晶闸管)输出,驱动相应输出设备工作。

3　PLC 编程基础

PLC 编程是一种数字运算操作,专为在工业环境下应用而设计。它采用可编程序的存储器,用来在其内部存储执行逻辑运算、顺序控制、定时、计数和算术运算等操作的指令,并通过数字式、模拟式的输入和输出,控制各种类型的机械或生产过程。可编程序控制器及其有关设备,都应按易于使工业控制系统形成一个整体,易于扩充其功能的原则设计。

随着微处理器、计算机和数字通信技术的飞速发展,计算机控制已扩展到了几乎所有的工业领域。现代社会要求制造业对市场需求作出迅速的反应,生产出小批量、多品种、多规格、低成本和高质量的产品,为了满足这一要求,生产设备和自动生产线的控制系统必须具有极高的可靠性和灵活性,PLC 编程正是顺应这一要求出现的,它是以微处理器为基础的通用工业控制装置。

PLC 的用户程序,是设计人员根据控制系统的工艺控制要求,通过 PLC 编程语言的编制规范,按照实际需要使用的功能来设计的。只要用户能够掌握某种标准编程语言,就能够使用 PLC 在控制系统中,实现各种自动化控制功能。

根据国际电工委员会制定的工业控制编程语言标准(IEC 1131 – 3),PLC 有五种标准编程语言:梯形图语言(LD)、指令表语言(IL)、功能模块语言(FBD)、顺序功能流程图语言(SFC)、结构文本化语言(ST)。

梯形图语言是 PLC 程序设计中最常用的编程语言,如图 1-82 所示。它是与继电器线路类似的一种编程语言。由于电气设计人员对继电器控制较为熟悉,因此梯形图编程语言得到了广泛的欢迎和应用。

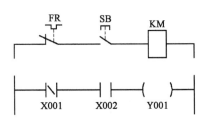

图 1-82　三相异步电动机单点控制电路图及梯形图

梯形图编程语言的特点是:与电气操作原理图相对应,具有直观性和对应性;与原有继电器控制相一致,电气设计人员易于掌握。梯形图编程语言与原有的继电器控制的不同点是,梯形图中的能流不是实际意义的电流,内部的继电器也不是实际存在的继电器,应用时,需要与原有继电器控制的概念区别对待。

4　编程元件

PLC 的数据区存储器区域在系统软件的管理下,划分出若干小区,并将这些小区赋予不同的功能,由此组成了各种内部元件,这些内部元件就是 PLC 的编程元件。每一种 PLC 提供的编程元件的数量是有限的,其数量和种类决定了 PLC 的规模和数据处理能力。

在 PLC 内部,这些具有一定功能的编程元件,不是真正存在的物理器件,而是由电子电路、寄存器和存储器单元等组成,有固定的地址。例如,输入继电器是由输入电路和输入映像寄存器构成,虽有继电器特性,却没有机械触点。为了将这些编程元件与传统的继电器区别开来,有时又称作软元件或软继电器,其特点是:

(1)软继电器是看不见、摸不着的,没有实际的物理触点。

(2)每个软继电器可提供无限多个常开触点和常闭触点,可放在同一程序的任何地方,即其触点可以无限次地使用。

(3)体积小、功耗低、寿命长。

S7-200 系列 PLC 部分编程元件的编号范围与功能说明,如表 1-25 所示。

S7-200 系列 PLC 部分编程元件列表　　　　表 1-25

元 件 名 称	符号	编 号 范 围	功 能 说 明
输入寄存器	I	I0.0 ~ I1.5	接受外部输入设备的信号
输出寄存器	Q	Q0.0 ~ Q1.1	输出程序执行结果并驱动外部设备
定时器	T	T0 ~ T255	累计时间增量

4.1　输入继电器(I)

输入继电器就是位于 PLC 数据存储区的输入映像寄存器。

PLC 外部的输入端子用于接收来自现场的开关信号,每一个输入端子在 PLC 内部与输入映像寄存器(I)的相应位相对应。现场输入信号的状态,在每个扫描周期的输入采样阶段读入,并将采样值存于输入映像寄存器,供程序执行时使用。当外部常开按钮闭合时,则对应的输入映像寄存器的位状态为1,在程序中其常开触点闭合、常闭触点打开。

注意:输入映像寄存器的状态只能由外部输入信号驱动,而不能在内部由程序指令来改变。现场实际输入点数不能超过 PLC 能提供的具有外部接线端子的输入继电器的数量,具有地址而未使用的输入映像寄存器区可能剩余,为避免出错,建议空着这些地址,不作他用。

4.2　输出继电器(Q)

输出继电器就是位于 PLC 数据存储区的输出映像寄存器。

PLC 外部的输出端子可连接各种现场被控负载,每一个输出端子与输出映像寄存器的相应位相对应。CPU 将输出的结果存放在输出映象寄存器 Q 中,在扫描周期的结尾,CPU 以批处理方式将输出映象寄存器的数值送到输出锁存器,对相应的输出端子刷新,作为控制外部负载的开关信号。

当程序使得输出映像寄存器的某位状态为1,相应的输出端子开关闭合,外部负载通电。

注意:输出继电器使用时不能超过 PLC 能提供的具有外部输出模块接线端子的数量,具有地址而未使用的输出映像寄存器区可能剩余,为避免出错,建议空着这些地址,不作他用。

4.3　定时器(T)

定时器(T)是累计时间增量的内部元件。S7-200 PLC 定时器有三种类型:接通延时定时器 TON,断开延时定时器 TOF,保持型接通延时定时器 TONR。

定时器的定时时基有三种:1ms、10ms、100ms。使用时需要提前设置时间设定值,如表 1-26 所示。

S7-200 PLC 定时器参数　　　　表 1-26

元 件 名 称	符号	编 号 范 围	功 能 说 明
定时器	T	T0,T64	保持型通电延时 1ms
		T1 ~ T4,T65 ~ T68	保持型通电延时 10ms
		T5 ~ T31,T69 ~ T95	保持型通电延时 100ms
		T32,T96	ON/OFF 延时,1ms
		T33 ~ T36,T97 ~ T100	ON/OFF 延时,10ms
		T37 ~ T63,T101 ~ T255	ON/OFF 延时,100ms

5　编程规约

S7-200 PLC 的程序结构一般由三部分构成:用户程序、数据块和参数块。

(1)用户程序。

用户程序在存储器空间也称为组织块,处于最高层,可以管理其他块。用户程序一般由一个主程序、若干个子程序和若干个中断程序组成,子程序和中断程序的有无和多少是可选的。

主程序是用户程序的主体,每个项目必须有且仅有一个主程序。CPU 在每个扫描周期都要执行一次主程序指令。

子程序是用户程序的可选部分,只有被其他程序调用时,才能够执行。在重复执行某项功能时,使用子程序非常有用。同一子程序可以在不同的地方被多次调用。合理使用子程序,可以优化程序结构,减少扫描时间。

中断程序也是用户程序的可选部分,用来处理预先规定的中断事件。中断程序不是被主程序调用,而是当中断事件发生时,由 PLC 的操作系统调用。

(2)数据块。

数据块是可选部分,数据块不一定在每个控制系统的程序设计中都使用,使用数据块可以完成一些有特定数据处理功能的程序设计,如为变量存储器指定初始值。如果编辑了数据块,就需要将数据块下载至 PLC。

(3)参数块(系统块)。

参数块又称系统块,参数块存放的是 CPU 组态数据,如果在编程软件上没有进行 CPU 的组态,则系统以默认值进行自动配置。除非有特殊要求的输入/输出设置、掉电保持设置等,一般情况下使用默认值。

5.1　网络

网络是 S7-200 PLC 编程软件中的一个特殊标记。网络由触点、线圈和功能框组成,每个网络就是完成一定功能的最小的、独立的逻辑块。一个梯形图程序就是由若干个网络组成,程序被网络分成了若干个程序段,如图 1-83 所示。

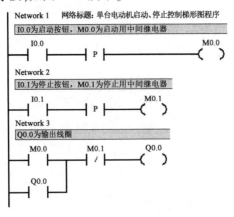

图 1-83　电动机启停控制梯形图程序

程序不分段,则编译有误。使用 STEP7-Micro/WIN 编程软件,可以网络为单位给程序添加注释和标题,增加可读性。只有对梯形图、功能块图、语句表使用网络进行程序分段后,才能通过编程软件实现相互转换。

5.2　梯形图(LAD)

梯形图中的左、右垂直线称为左、右母线,通常将右母线省略。在左、右母线之间是由触点、线圈或功能框组合的有序网络。

梯形图的输入总是在图形的左边,输出总是在图形的右边。从左母线开始,经过触点和线圈(或功能框),终止于右母线,从而构成一个梯级。

在一个梯级中,左、右母线之间是一个完整的"电路","能流"只能从左到右流动,不允许"短路""开路",也不允许"能流"反向流动。

梯形图中的基本编程元素有:触点、线圈和功能框。

触点:代表逻辑控制条件。触点闭合时表示能流可以流过。触点有常开触点和常闭触点两种。

线圈:代表逻辑输出的结果。能流到,线圈被激励。

功能框:代表某种特定功能的指令。能流通过功能框时,执行功能框所代表的功能。如定时器、计数器。

5.3　梯形图编程步骤

(1)决定系统所需的动作及次序。

当使用可编程控制器时,最重要的一环是决定系统所需的输入和输出。包括系统输入及输出数目以及决定控制先后、各器件相应关系以及作出何种反应。

(2)对输入和输出器件编号。

每一输入和输出,包括定时器、计数器、内置寄存器等都有一个唯一的对应编号,不能混用。

(3)画出电路图。

根据控制系统的动作要求,画出电路图。

(4)将电路图转化为梯形图程序。

把电路图转变为 PLC 的编码,当完成梯形图以后,下一步是把它的编码编译成 PLC 能识别的程序。

这种程序语言由序号(即地址)、指令(控制语句)、器件号(即数据)组成。地址是控制语句及数据所存储或摆放的位置,指令告诉 PLC 怎样利用器件作出相应的动作。

5.4　梯形图编程注意事项

梯形图的设计应注意以下几点:

(1)梯形图按从左到右、自上而下地顺序排列。每一逻辑行(或称梯级)起始于左母线,然后是触点的串、并联,最后是线圈,不能将触点画在线圈的右边。

(2)不包含触点的分支应放在垂直方向,以便于识别触点的组合和对输出线圈的控制路径。

（3）在有几个串联回路相并联时,应将触头多的那个串联回路放在梯形图的最上面。在有几个并联回路相串联时,应将触点最多的并联回路放在梯形图的最左面。这种安排,所编制的程序简洁明了,语句较少。

（4）梯形图中每个梯级流过的不是物理电流,而是"概念电流",从左流向右,其两端没有电源。这个"概念电流"只是用来形象地描述用户程序执行中应满足线圈接通的条件。

（5）输入寄存器用于接收外部输入信号,而不能由 PLC 内部其他继电器的触点来驱动。因此,梯形图中只出现输入寄存器的触点,而不出现其线圈。输出寄存器则输出程序执行结果给外部输出设备,当梯形图中的输出寄存器线圈得电时,就有信号输出,但不是直接驱动输出设备,而要通过输出接口的继电器、晶体管或晶闸管才能实现。输出寄存器的触点也可供内部编程使用。

 复习提高

1.常见的编程元件有哪几种?试画图说明。

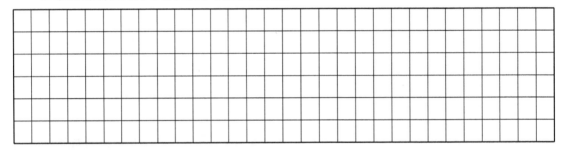

2.简述梯形图编程原则。

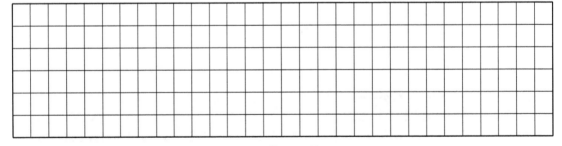

3.PLC 由哪几部分构成?他们各部分的作用是什么?

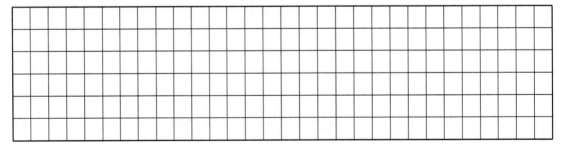

4. PLC 是采用什么样的方式进行工作的？简要叙述其工作过程。

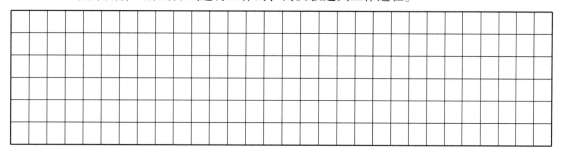

5. PLC 有哪几种标准编程语言？

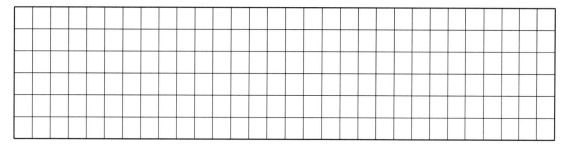

模块二 三相异步电动机的电气控制技术

学习情境2-1 生产车间照明电路设计与安装

 **学习目标**

知识目标：

1. 了解工厂供配电系统相关知识；
2. 了解照明灯具相关知识；
3. 掌握基本电路知识；
4. 掌握触电急救的要求与措施；
5. 掌握电气原理图、电气元件布置图和接线图的绘制方法；
6. 掌握电工仪表和工具的使用方法；
7. 掌握电路检测和工作过程评价的方法。

能力目标：

1. 能够接受工作任务，合理收集专业知识信息；
2. 能够进行小组合作，制订小组工作计划；
3. 能够制订车间供电系统方案与工作计划表；
4. 能够自主学习，与同伴进行技术交流，处理工作过程中的矛盾与冲突；
5. 能够进行学习成果展示和汇报。

素养目标：

能够考虑安全与环保因素，遵守工位5S与安全规范。

 **知识模块**

1 生产车间照明

根据行业标准，生产车间一般照明标准见表2-1。

生产车间一般照明标准 表2-1

车间和作业场所		视觉作业等级	照度范围(lx)								
			混合照明			混合照明中的一般照明			一般照明		
机械加工车间	粗加工	Ⅲ乙	300	500	750	30	50	75	—	—	—
	精加工	Ⅱ乙	500	750	1000	50	75	100	—	—	—
	精密	Ⅰ乙	1000	1500	2000	100	150	200	—	—	—

续上表

车间和作业场所		视觉作业等级	照度范围(lx)								
			混合照明			混合照明中的一般照明			一般照明		
焊接车间	手动焊接、切割、接触焊、电渣焊	V	—	—	—	—	—	—	50	75	100
	自动焊接、一般划线	IV乙	—	—	—	—	—	—	75	100	150
	精密划线	II甲	750	1000	1500	75	100	150	—	—	—
	备料(如有冲压、剪切设备则参照冲压剪切车间)	V	—	—	—	—	—	—	50	75	100
	冲压、剪切车间	IV乙	200	300	500	30	50	75	—	—	—
检测区域	检具检测区域	I乙	1000	1500	2000	100	150	200	—	—	—
	实验室	V	—	—	—	—	—	—	150	200	300
仓库	产品贮存	V	—	—	—	—	—	—	50	75	100

注:一般照明是指不考虑特殊局部的需要,为照亮整个场地而设置的照明;混合照明是指一般照明与局部照明[为满足某些部位(如工作面)的特殊需要而设置的照明]组成的照明。

1.1 照度的计算

平均照度 E_{av} = 单个灯具光通量 Φ × 灯具数量 N × 空间利用系数 C_U × 维护系数 K_F ÷ 地板面积(长 × 宽)

公式变量说明:

单个灯具光通量 Φ,指的是该灯具内所含光源的裸光源总光通量值。

空间利用系数 C_U,是指从照明灯具放射出来的光束有多少到达地板和作业台面。所以空间利用系数与照明灯具的设计、安装高度、房间的大小和反射率的不同相关。

常用灯盘在3m左右高度时,其利用系数 C_U 可取0.6~0.75之间。

悬挂灯铝罩,空间高度6~10m时,其利用系数 C_U 可取0.7~0.45之间;筒灯类灯具在3m左右高度时,其利用系数 C_U 可取0.4~0.55之间;光带支架类的灯具在4m左右高度时,其利用系数 C_U 可取0.3~0.5之间。

维护系数 K,是指伴随着照明灯具的老化,灯具光的输出能力降低和光源的使用时间的增加,光源发生光衰或由于房间灰尘的积累,致使空间反射效率降低,致使照度降低而乘以的系数。

一般较清洁的场所,如客厅、卧室、办公室、教室、阅读室、医院、高级品牌专卖店、艺术馆、博物馆等,维护系数 K 取0.8。

一般性的商店、超市、营业厅、影剧院、加工车间、车站等场所,维护系数 K 取0.7;而污染指数较大的场所,维护系数 K 则可取到0.6左右。

计算示例如下:

(1)室内照明,4m×5m房间,使用3×36W隔栅灯9套。

平均照度 = 光源总光通量 × C_U × 维护系数 K_F/面积 = (2500 × 3 × 9) × 0.4 × 0.8 ÷ 4 ÷ 5
　　　　 = 1080lx

结论:平均照度 1000lx 以上

(2)体育馆照明,20m×40m 场地,使用 POWRSPOT 1000W 金卤灯 60 套。

$$平均照度 = 光源总光通量 \times C_U \times 维护系数 K_F / 面积$$
$$= (105000 \times 60) \times 0.3 \times 0.8 \div 20 \div 40 = 1890lx$$

1.2　照明灯具光通量表

欧普照明灯具光通量见表 2-2。

欧普照明灯具光通量表(节能灯)　　　　　　　　表 2-2

规　　格	光通量(lm)	光效(lm/W)
螺旋灯管 7W	380	55
螺旋灯管 8W	500	60
螺旋灯管 12W	620	54
螺旋灯管 15W	820	63
螺旋灯管 20W	1120	60
4U 型管 30W	1720	62
4U 型管 45W	2670	65
4U 型管 55W	3150	64
4U 型管 65W	3600	64
4U 型管 85W	5300	64
3U 型管 9W	495	60
3U 型管 13W	750	63
3U 型管 15W	900	67
3U 型管 20W	1350	70
3U 型管 23W	1550	65
2U 型管 3W	115	48
2U 型管 5W	230	50
2U 型管 7W	370	56
2U 型管 8W	520	62
2U 型管 11W	700	69
2U 型管 13W	840	70

2　企业安全用电常识

在实际工作中,要重点防止下列电器的误操作:

(1)双投刀闸。

(2)机械连锁组合空气开关。

(3)交流接触器电气联锁控制。

2.1　安全用电须知

(1)不要超负荷用电。空调、烤箱等大容量用电设备应使用专用线路。

（2）要选用合格的电器,不要购买使用假冒伪劣电器、电线、线槽、开关、插头、插座等。

（3）不要私自或请无资质的装修队及人员铺设电线和接装用电设备,安装、修理电器用具要找有资质的单位和人员。

（4）对规定使用接地的用电器具的金属外壳要做好接地保护,不要忘记给三相插座安装接地线;不要随意把三相插头改为两相插头。

（5）要选用与电线负荷相适应的熔断丝,不要任意加粗熔断丝,严禁用铜丝等代替熔断丝。

（6）不用湿手、湿布擦带电的灯头、开关和插座等。

（7）要定期对漏电保护开关进行灵敏性试验。

（8）晒衣架要与电线保持安全距离,不要将晒衣竿搁在电线上。

2.2　常见用电事故预防

（1）不乱拉乱接电线。

（2）在更换熔断丝、拆修电器或移动电气设备时,必须切断电源,不要冒险带电操作。

（3）使用电熨斗、电吹风、电炉等家用电热器时,人不要离开。

（4）房间内无人时,饮水机应关闭电源。

（5）发现电气设备冒烟或有异味时,要迅速切断电源进行检查。

（6）电加热设备上不能烘烤衣物。

（7）爱护电力设施,不要在架空电线和配电变压器附近放风筝。

2.3　触电事故应急处置

（1）要使触电者迅速脱离电源。应立即拉下电源开关或拔掉电源插头。若无法及时找到或断开电源时,可用干燥的竹竿、木棒等绝缘物挑开电线。

（2）将脱离电源的触电者迅速移至通风干燥处仰卧,松开上衣和裤带。

（3）施行急救,及时拨打电话呼叫救护车,尽快送医院抢救。

3　车间安全用电规范

（1）《低压成套开关设备和控制设备　第4部分:对建筑工地用成套设备(ACS)的特殊要求》(GB/T 7251.4)。

（2）《施工现场临时用电安全技术规范》(JGJ 46)。

（3）《建筑工程施工现场供电安全规范》(GB 50194)。

（4）《低压配电设计规范》(GB 50054)。

（5）《用电安全导则》(GB/T 13869)。

4　配电箱及开关箱的设置

（1）施工现场的配电系统应设置总配电箱(配电柜)、分配电箱、开关箱,实行三级配电,二级漏电保护。

（2）总配电箱(配电柜)以下可设若干分配电箱,分配电箱以下可设若干开关箱。

(3)配电箱、开关箱应采用冷轧钢板制作,钢板厚度为1.2～2.0mm,其中开关箱箱体钢板厚度不得小于1.2mm,配电箱箱体钢板厚度不得小于1.5mm,箱门均应设加强筋,箱体表面应做防腐处理。固定式配电箱、开关箱的中心点与地面的垂直距离应为1.4～1.6m。移动式配电箱、开关箱应装设在坚固、稳定的支架上。其中心点与地面的垂直距离宜为0.8～1.6m。

(4)配电箱、开关箱内的电器(含插座)应先紧固在金属电器安装板上,不得歪斜和松动,然后方可整体紧固在配电箱、开关箱箱体内。总配电箱(配电柜)也可采用电气梁安装方式。金属电器安装板与金属箱体应做电气连接。

(5)配电箱、开关箱内的连接,必须采用铜芯绝缘导线。导线的颜色:相线L1(A)、L2(B)、L3(C)相序的颜色依次为黄色、绿色、红色;N线的颜色为淡蓝色;PE线的颜色为绿、黄双色。导线排列应整齐,导线分支接头不得采用螺栓压接,应采用焊接并做绝缘包扎,不得有外露带电部分。

(6)配电箱、开关箱内必须设N线端子(排)和PE线端子(排),N线端子(排)必须与金属电器安装板绝缘,PE线端子(排)必须与金属电器安装板做电气连接。总配电箱(柜)N线端子排和PE线端子排的接线点数应为 $n+1$(n 为配电箱的回路数);分配电箱N线端子排和PE端子排接线点数至少两个以上;开关箱应设N线端子和PE线端子。

(7)配电箱、开关箱的金属体、金属电器安装板以及电器正常不带电的金属底座、外壳等必须通过PE线端子板与PE线做电气连接,金属箱门与金属箱体均必须采用软铜线做电气连接。

(8)配电箱、开关箱内电器安装板上电器元件的间距,垂直方向应不小于80mm、水平方向不小于20mm。

(9)配电箱、开关箱的导线进出口应设在箱体的底面,进出线孔必须用橡胶护线环加以绝缘保护,进出线不得与箱体直接接触;箱体支架的横梁上应预留进出线固定孔。

(10)配电箱、开关箱外形结构应能防雨、防尘。防护等级开门时不得低于IP21、关门时不得低于IP44。

5 常用设备安全用电

5.1 用电设备的条件

(1)环境条件:从防止触电角度出发,环境条件有两方面的因素:一是环境空气的介质状况;二是环境周围的地理条件。

(2)地理条件:是指电气设施周围的导电物体分布情况、地面的导电性等。这些间接地起着降低接触电阻的作用,增加触电的危险性。通常根据触电的危险性把用电场所分为三类:

①干燥场所。导电粉尘很少,地面绝缘、金属占有系数很少,如普通住房、办公室、某些试验室、铺有胶板地面的房间。

②危险场所。潮湿(相对湿度大于75%)、炎热、高温、有导电粉尘、地面导电性高、周围金属占有率大于20%,如锻铆车间、冶金压延车间、电炉电极制造车间等。

③特别危险场所。相对湿度接近100%、有腐蚀性气体、有导电积尘、有潮湿导电地面、酸洗车间、电镀车间、化工车间等。选用电气设备除注意工作环境触电危险性外,还必须注意工

作环境爆炸和火灾的危险性,如乙炔站、煤气站、电石库等。

5.2　电气设备的选择和安装

(1)干燥场所可采用明线敷设,使用开启式或保护式电气设备。

(2)危险场所可以采用明管布线,使用防尘式开关拒、开关箱,防爆式电气设备或防尘电气设备。

(3)特别危险场所要采用钢管、明、暗敷设,用封闭式电气设备,电气设备要安装过负荷保护,导线采用铜芯绝缘线,电气设备的保护接地(接零)连接可靠,易燃易爆场所要用防火防爆电气设备。

5.3　临时线路的安装要求

在日常维修工作中,经常遇到架设临时用电线路、设备、临时照明等,这些均属暂设电气工程。此项工作必须按有关规程进行,以确保正常用电和人身及设备安全。

(1)一般不准拉设临时线路。若因临时作业必须拉设的,要由作业负责人向有关部门提出书面申请,经审查同意签署意见后方准施行。

(2)临时线的架设要由持证电工操作,而且使用期不准超过 15 天。若到期没有使用完,则需办理延长手续。

(3)拉临时线时,应当按正式线路的要求进行。

 学习情境

1　信息(创设情境、提供资讯)

重庆某公司计划对厂房的照明系统进行更换调整,该厂房为一般精度的机械加工车间,面积 $600 m^2$,拟安装 4 台车床、4 台铣床、4 台磨床、1 台数控车床、1 台数控铣床、1 台加工中心等设备。请根据生产要求,设计并绘制出车间照明电气原理图,并制订搭建车间照明电路计划。

独立工作:搜集电工安全方面信息,完成以下任务。

(1)电工是特殊工种,又是危险工种。

首先,其作业过程和工作质量不但关系着_____的安全,而且关系着_____和_____的安全;其次,专业电工工作点分散、工作性质不专一,不便于跟班和追踪检查人。因此,专业电工必须掌握必要的电气安全技能,必须具备良好的电气安全知识。

(2)在下方区域写出触电急救的要点与措施。

(3)在下方区域写出电路的基本组成及各组成部分的功能或作用。

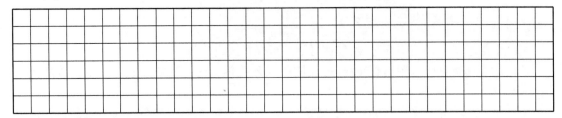

(4)生产和生活中直接使用的电能大多是交流电,而且绝大部分是正弦交流电。其特点是电流、电压的_____都随着时间按_____的规律变化。

(5)在下方区域画出正弦交流电波形,并标出三要素。

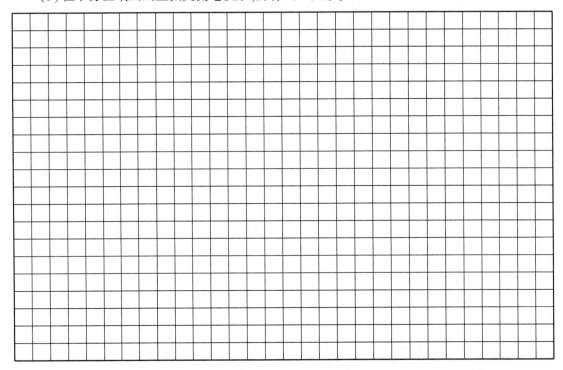

(6)绘图说明工频电源中380V和220V电压之间的关系。

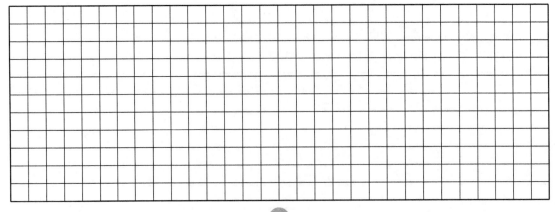

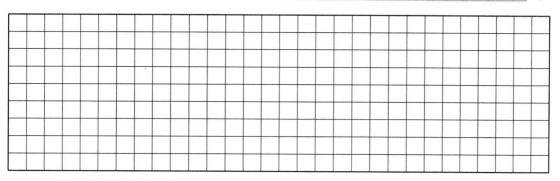

(7)在上图中标绘出中性点、保护接地点等要素。

(8)写出工厂照明的种类。

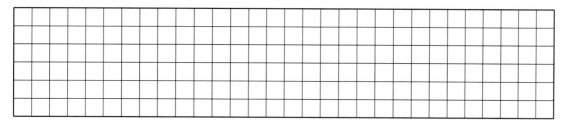

其中:应急照明包括备用照明、安全照明和疏散照明。

(9)搜索工作场所作业面上的照度标准,确定本情境车间照度为_____ lx。

(10)写出工厂照明光源的种类及各自的特点。

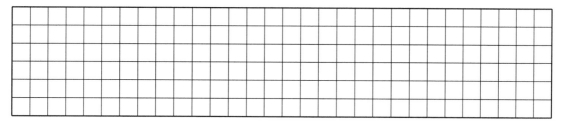

(11)写出光源选择的依据。

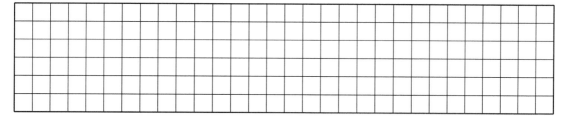

(12)写出灯具结构的分类及其特点。

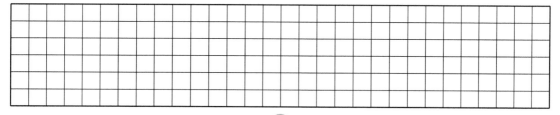

(13)写出灯具选用的原则。

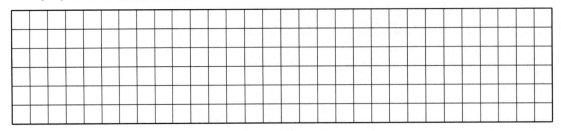

(14)根据以上学习结果,写出选用的灯具及相关参数。

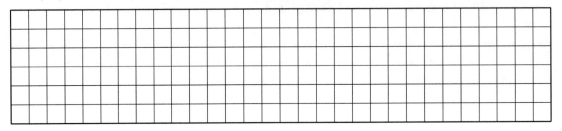

2 计划(分析任务、制订计划)

个人/小组工作:搜集车间照明电路方面信息,完成以下任务。

(1)测量车间现场,拟订车间照明电路所需电气元件及功能说明,完成表2-3。

车间照明电路所需电气元件及功能 表2-3

符　　号	名称及用途	符　　号	名称及用途

(2)测量车间现场,根据车间设备分布情况,手工绘制电气照明的电气原理图。

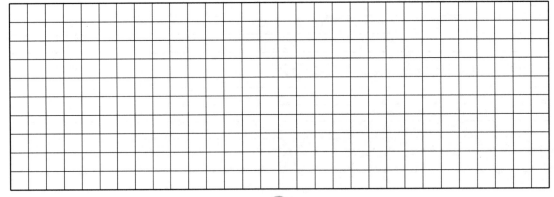

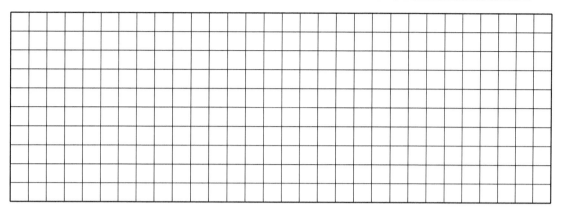

（3）写出照明节能设计需要注意的要点。

（4）列出本情境车间照明电路设计与实现所需元器件及材料清单，完成表2-4。

清 单　　　　　　　　　　　　表2-4

序号	名　称	型　号	规　格	数　量	备　注
1					
2					
3					
4					
5					
6					
7					
8					
9					
10					
11					

（5）列出本情境车间照明电路设计与实现所需工具及辅具清单，完成表2-5。

清 单　　　　　　　　　　　　表2-5

序号	名　称	型　号	规　格	数　量	备　注
1					
2					

续上表

序号	名 称	型 号	规 格	数 量	备 注
3					
4					
5					
6					
7					
8					
9					
10					
11					

3　决策(集思广益、作出决定)

个人/小组工作:搜集车间照明电路方面信息,完成以下任务。

(1)参照相关文件模版,完善并规范车间照明平面布线图。

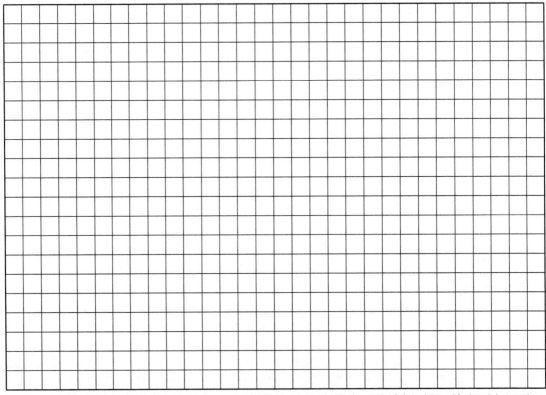

(2)制定车间照明安装项目小组工作计划表,确认成员分工及计划时间,并在下方记录工作要点,完成表2-6。

成员分工及计划时间   表2-6

序号	工 作 计 划	职　责	人　员	计 划 工 时	备　注
1					
2					
3					
4					
5					
6					
7					
8					

 复习提高

1. 常见的触电方式有哪些?

2. 常见的接地保护方式有哪些?

3. 发现有人触电应如何抢救? 抢救时应注意什么?

4. 一供电系统设计成 TN-S 配电系统。试问:TN-S 系统含义是什么?(　　　)

　A. 电源变压器的零点是对地绝缘的

　B. 连接到 TN-S 系统上的器件/设备的壳体是与工作接地不相干的地线连接的

　C. TN-S 系统有一根零线和一根与零线分开的接地保护线

　D. TN-S 系统有一根零线,这根零线同时也具有接地保护线功能

　E. 连接到 TN-S 系统上的器件/设备的壳体是对地绝缘的

学习情境 2-2　X8120W 炮塔铣床工作台快速移动控制系统设计与安装

 学习目标

知识目标：

1. 了解常用电工工具的使用规范；
2. 掌握三相异步电动机点动控制原理；
3. 掌握电气原理图和电气元件布置图和接线图的绘制方法；
4. 掌握电路检测和工作过程评价的方法。

能力目标：

1. 能够接受工作任务，合理收集专业知识信息；
2. 能够进行小组合作，制订小组工作计划；
3. 能够识读并分析三相异步电动机点动控制电气原理图并进行改进设计；
4. 能够根据三相异步电动机点动控制电气原理图拟订物料清单；
5. 能够根据三相异步电动机点动控制电气原理图绘制电气接线图；
6. 能够根据三相异步电动机点动电气接线图进行电气系统接线、安装与调试；
7. 能够自主学习，与同伴进行技术交流，处理工作过程中的矛盾与冲突；
8. 能够进行学习成果展示和汇报。

素养目标：

能够考虑安全与环保因素，遵守工位 5S 与安全规范。

 知识模块

点动控制多用于机床刀架、横梁、立柱等快速移动和机床对刀等场合。用手按下按钮后电动机得电运行；当手松开后，电动机失电，停止运行。其控制电气原理图，如图 2-1 所示。

1　点动控制控制过程

点动控制的一般步骤为：当接通电源开关 QS 后，按下点动按钮（即 SB 点动按钮）—接触器 KM 线圈导通—KM 主触点闭合—电动机 M 通电启动运行；松开按钮 SB—接触器 KM 线圈断电—KM 主触点断开—电动机 M 失电停机。

2　点动控制各部分的作用

控制电路还可实现短路保护、过载保护和零压保护。

起短路保护作用的是串接在主电路中的熔断器 FU1。一旦电路发生短路故障，熔体立即熔断，电动机立即停转。

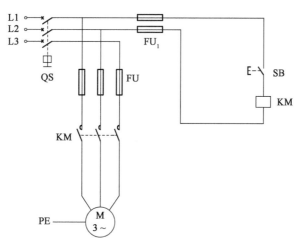

图 2-1 基于接触器的点动控制电气原理图

起零压(或欠压)保护的是接触器 KM 本身。当电源暂时断电或电压严重下降时,接触器 KM 线圈的电磁吸力不足,衔铁自行释放,使主、辅触点自行复位,切断电源,电动机停转。

3 点动控制的缺陷

在要求电动机启动后能连续运行时,采用上述点动控制线路就不行了。因为要使电动机 M 连续运行,启动按钮 SB 就不能断开,这是不符合生产实际要求的。

 学习情境

1 信息(创设情境、提供资讯)

重庆交通职业学院中德培训中心某工位 X8120W 炮塔铣床(图 2-2)工作台快速移动失效,现需重新设计控制电路,确保工作台能够实现快速移动功能,制订电路搭建计划并在有条件的情况下实施安装与调试。

图 2-2 X8120W 炮塔铣床

独立工作:搜集三相异步电动机及其控制电路方面信息,完成以下任务。

(1)说明三相异步电动机的工作原理。

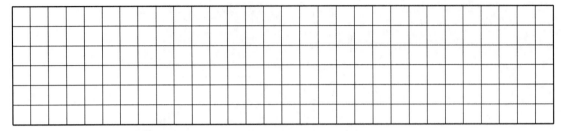

(2)绘制出一种经典的三相异步电动机电气控制原理图。

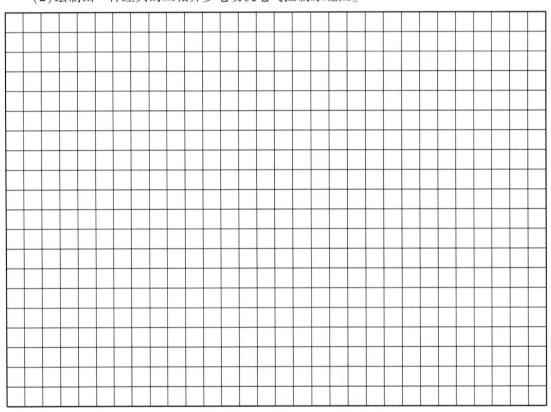

(3)阐述低压电器定义,并说明常用低压电器名称、功能及其符号表示(至少6种)。

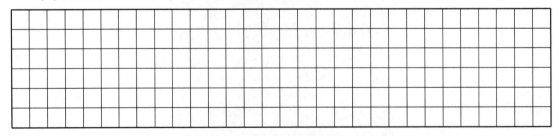

(4)在下方区域写出电气控制系统常用的保护环节,各采用什么电器元件、功能有何不同?

（5）在下方区域分析 X8120W 炮塔铣床工作台快速移动的控制电路工作原理。

2 计划（分析任务、制订计划）

个人/小组工作：根据 X8120W 炮塔铣床工作台快速移动的控制电路工作原理并结合三相异步电动机的点动控制原理图完成下列任务。

（1）拟订电器元件及功能说明，完成表2-7。

电器元件及功能说明   表2-7

符　　号	名称及用途	符　　号	名称及用途

（2）绘制能够满足 X8120W 炮塔铣床工作台快速移动功能的电气控制原理图。

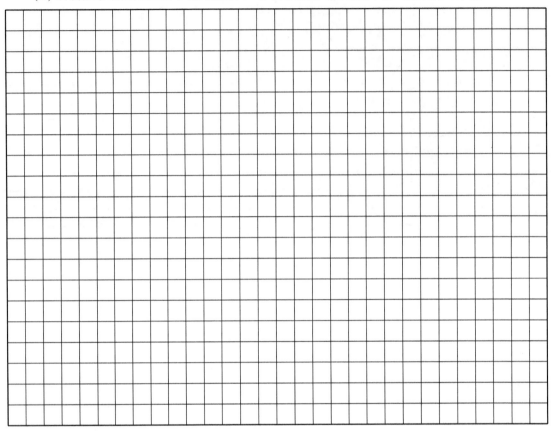

（3）根据培训中心现场情况，列出 X8120W 炮塔铣床工作台快速移动的控制系统所需元器件及材料清单，完成表2-8。

清　　单　　　　　　　　　　　　　　　　表2-8

序号	名　　称	符　　号	型　　号	数　　量	规　　格
1					
2					
3					
4					
5					
6					
7					
8					

（4）列出 X8120W 炮塔铣床工作台快速移动的控制电路实现所需工具、辅具及耗材清单，完成表2-9。

清 单   表2-9

序号	名 称	型 号	规 格	数 量	备 注
1					
2					
3					
4					
5					
6					
7					
8					
9					
10					
11					
12					

3 决策(集思广益、作出决定)

个人/小组工作:根据 X8120W 炮塔铣床工作台快速移动电气控制原理图完成下列任务。

(1)绘制 X8120W 炮塔铣床工作台快速移动的控制电路接线图。

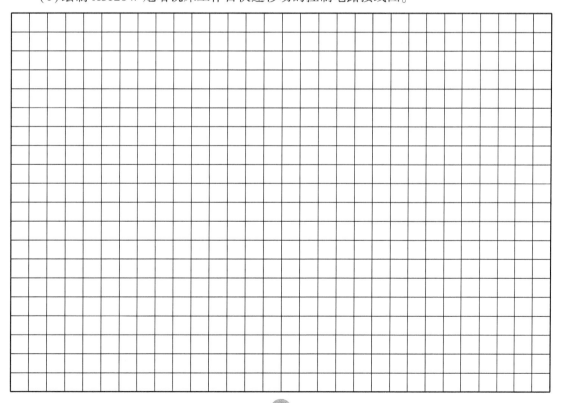

（2）制定 X8120W 炮塔铣床工作台快速移动电气控制系统安装项目小组工作计划表，确认成员分工及计划时间，完成表2-10。

成员分工及计划时间　　　　　　　　　　　表2-10

序号	工 作 计 划	职　　责	人　　员	计 划 工 时	备　　注
1					
2					
3					
4					
5					
6					
7					
8					

4　实施（分工合作、沟通交流）

小组工作：按工作计划实施 X8120W 炮塔铣床工作台快速移动电气控制电路安装与调试，见表2-11。

安装与调试　　　　　　　　　　　表2-11

序号	行 动 步 骤	实施人员	实际用时	计 划 工 时
1				
2				
3				
4				
5				
6				
7				
8				

独立工作：选用万用表对电气系统进行短路检查。在表2-12中记录常规检查的要点和结果。

常规检查点和结果　　　　　　　　　　　表2-12

步骤	检查关键点	测量方式	结果处理
1			
2			
3			

续上表

步骤	检查关键点	测量方式	结果处理
4			
5			
6			
7			
8			

5 控制(查漏补缺、质量检测)

个人/小组工作:明确检测要素及整改措施,完成表2-13。

检测要素及整改措施   表2-13

序号	检测要素	技术标准	是否完成	整改措施
1				
2				
3				
4				
5				
6				

小组工作:检查各小组的工作过程实施情况,完成表2-14。

工作过程实施情况   表2-14

检查项目	检查结果			需完善点	其 他
	个人检查	小组检查	教师检查		
工时执行					
5S执行					
质量成果					
学习投入					
获取知识					
技能水平					
安全、环保					
设备使用					
突发事件					

6　评价(总结过程、任务评估)

小组工作:将自己的总结向别的同学介绍,描述收获、问题和改进措施。在一些工作完成不尽意的地方,征求意见。

(1)收获。

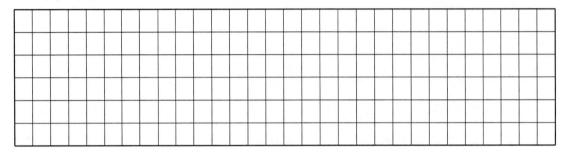

(2)问题。

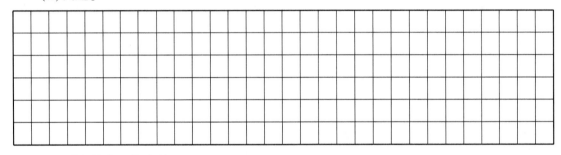

(3)别人给自己的意见。

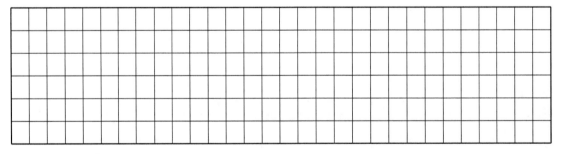

(4)改进措施。

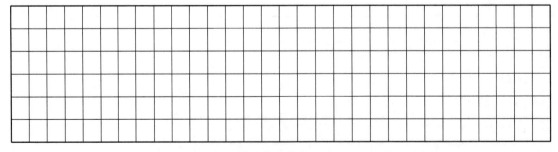

自评和互评:小组之间按照评分标准进行工作过程自评和互评,完成表2-15。

自 评 和 互 评

表 2-15

班级		被评组名		日期			
评价指标	评价要素				分数	自评分数	互评分数
信息检索	该组能否有效利用网络资源、工作手册查找有效信息				5		
	该组能否用自己的语言有条理地去解释、表述所学知识				5		
	该组能否将查找到的信息有效转换到工作中				5		
感知工作	该组能否熟悉自己的工作岗位,认同工作价值				5		
	该组成员在工作中是否获得满足感				5		
参与状态	该组与教师、同学之间是否相互尊重、理解、平等				5		
	该组与教师、同学之间是能够保持多向、丰富、适宜的信息交流				5		
	该组能否处理好合作学习和独立思考的关系,做到有效学习				5		
	该组能否提出有意义的问题或能发表个人见解;能按要求正确操作;能够倾听、协作分享				5		
	该组能否积极参与,在产品加工过程中不断学习,综合运用信息技术				5		
学习方法	该组的工作计划、操作技能是否符合规范要求				5		
	该组是否获得了进一步发展的能力				5		
工作过程	该组是否遵守管理规程,操作过程是否符合现场管理要求				5		
	该组平时上课的出勤情况和每天完成工作任务情况				5		
	该组成员是否能加工出合格工件,并善于多角度思考问题,能主动发现、提出有价值的问题				15		
思维状态	该组是否能发现问题、提出问题、分析问题、解决问题、创新问题				5		
自评反馈	该组是否能严肃认真地对待自评,并能独立完成自测试题				10		
总分数					100		
简要评述							

教师总评:教师按照评分标准对各小组进行任务工作过程总评,完成表2-16。

总　评

表2-16

班级			组名			姓名		
出勤情况								
一	信息	口述或书面梳理工作任务要点	1. 表述仪态自然、吐字清晰	15	表述仪态不自然或吐字模糊扣5分		
			2. 工作页表述思路清晰、层次分明、准确		表述思路模糊或层次不清扣5分,分工不明确扣5分		
二	计划	绘制电气原理图并拟订物料清单	1. 图样关键点准确	15	表述思路或层次不清扣5分		
			2. 制订计划及清单清晰合理		计划及清单不合理扣5分		
	决策	绘制电气接线图并制订工艺计划	1. 接线图准确无误 2. 制订合理工艺	20	一处计划不合理扣2分,扣完为止		
三	实施	安装准备	1. 工具、元器件、辅材准备	2	每漏一项扣1分		
		电气安装	2. 正确选择电器元件、工具及辅材	3	选择错误扣1分,扣完为止		
			3. 正确实施计划无失误(依据零件评分表)	15			
		现场	4. 在工作过程中保持6S、设备、工具、量具、刀具、工位现场恢复整理	10	每出现一项扣1分,扣完此项配分为止		
四	控制		正确读取和测量加工数据并正确分析测量结果	10	能自我正确检测工件并分析原因,错一项,扣1分,扣完为止		
五	评价	工作过程评价	1. 依据自评分数	5			
			2. 依据互评分数	5			
六			合计	100			

 复习提高

1. 电动机点动控制的应用场合有哪些?

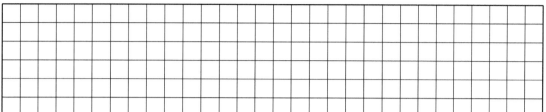

2.常见的接线规范有哪些?

3.剥线钳的钳柄上套有额定电压为 500 V 的(　　)。

　　A.木管　　　　　　B.铝管　　　　　　C.铜管　　　　　　D.绝缘套管

4.使用螺丝刀拧紧螺钉时要(　　)。

　　A.先用力旋转,再插入螺钉槽口　　　　B.始终用力旋转

　　C.先确认插入螺钉槽口,再用力旋转　　D.不停地插拔与旋转

5.熔断器主要由(　　)、熔管和熔座三部分组成。

　　A.银丝　　　　　　B.铜丝　　　　　　C.铁丝　　　　　　D.熔体

6.低压验电笔检测交流电压的范围是(　　)。

　　A.500 V 以下　　　B.400 V 以下　　　C.300 V 以下　　　D.200 V 以下

7.电动机铭牌上标注的功率因数是什么意思? (　　)

　　A.轴端功率与电功率之比　　　　　　　B.轴端功率与输出功率之比

　　C.有效功率与无功率之比　　　　　　　D.有效功率与视在率之比

　　E.无功功率与视在率之比

8.如何确定主电路中熔断器以及熔体的电流规格?

9.CJ20 系列交流接触器是一种新型接触器,容量为 6.3～25 A,采用(　　)灭弧罩的形式。

　　A.纵缝灭弧室　　　B.栅片式　　　　　C.陶土　　　　　　D.不带

10.热继电器的作用是(　　)。

　　A.过载保护　　　　B.短路保护　　　　C.失压保护　　　　D.零压保护

11.在具有过载保护的接触器自锁控制电路中,实现欠压与失压保护的电器是(　　)。

　　A.熔断器　　　　　B.继电器　　　　　C.接触器　　　　　D.热继电器

12.控制按钮的停止按钮一般选用(　　)。

　　A.黄色　　　　　　B.红色　　　　　　C.绿色　　　　　　D.黑色

13.各种绝缘材料的(　　)是抗张、抗压、抗弯、抗剪、抗冲击等各种强度指标。

　　A.绝缘强度　　　　B.击穿强度　　　　C.机械强度　　　　D.耐热性

14. 热继电器的动作电流如何调整？

15. 电压表在使用时要与被测电路(　　)。

    A. 串联   B. 并联   C. 短路   D. 混联

16. 对于电动机负载,熔断器熔体的额定电流应选电动机额定电流的(　　)倍。

    A. 1～1.5   B. 1～2.5   C. 2.5～3.0   D. 2.5～3.5

17. 接触器的额定电流应不小于被控电路的(　　)。

    A. 额定电流   B. 负载电流   C. 最大电流   D. 峰值电流

学习情境 2-3　M7132Z 型卧轴矩台平面磨床工作台行程控制系统设计与安装

 学习目标

知识目标：

1. 了解常用电工工具的使用规范;

2. 掌握三相异步电动机正反转控制原理;

3. 掌握自锁控制与互锁控制原理;

4. 掌握行程控制原理;

5. 掌握电气原理图和电气元件布置图和接线图的绘制方法;

6. 掌握电路检测和工作过程评价的方法。

能力目标：

1. 能够接受工作任务,合理收集专业知识信息;

2. 能够进行小组合作,制订小组工作计划;

3. 能够识读并分析三相异步电动机正反转电气原理图并进行基于行程开关的自动往返控制系统的改进设计;

4. 能够根据基于行程开关的自动往返控制电气原理图拟订物料清单;

5. 能够根据基于行程开关的自动往返控制电气原理图绘制电气接线图;

6. 能够根据基于行程开关的自动往返控制电气接线图进行电气系统接线、安装与调试;

7. 能够自主学习,与同伴进行技术交流,处理工作过程中的矛盾与冲突;

8. 能够进行学习成果展示和汇报。

素养目标：

能够考虑安全与环保因素，遵守工位 5S 与安全规范。

1 自锁控制

为实现电动机的连续运行，在点动控制的基础上引入了接触器自锁正转控制线路。自锁控制，又叫自保，就是通过启动按钮（点动）启动后，让接触器线圈持续有电，致使保持接点通路状态。通俗来说，按下按钮，电动机运转；松开按钮，电动机还处于运转状态。这种状态称为自锁控制回路。其控制电气原理图，如图 2-3 所示。

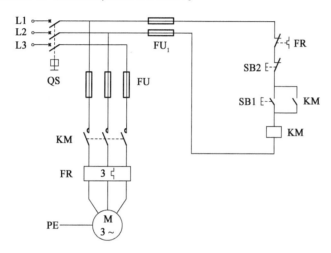

图 2-3　基于接触器的带过载保护的自锁控制电气原理图

1.1 自锁控制起动过程

当接通电源开关 QS 后，按下启动按钮 SB1，接触器 KM 线圈通电，与 SB1 并联的 KM 的辅助常开触点闭合，以保证松开按钮 SB1 后 KM 线圈持续通电，串联在电动机回路中的 KM 的主触点持续闭合，电动机连续运转，从而实现连续运转控制。

1.2 自锁控制停止过程

按下停止按钮 SB2，接触器 KM 线圈断电，与 SB1 并联的 KM 的辅助常开触点断开，以保证松开按钮 SB2 后 KM 线圈持续失电，串联在电动机回路中的 KM 的主触点持续断开，电动机停转。

1.3 过载保护

起过载保护的是热继电器 FR。当过载时，热继电器的发热元件发热，将其常闭触点断开，使接触器 KM 线圈断电，串联在电动机回路中的 KM 的主触点断开，电动机停转。同时，KM 辅助触点也断开，解除自锁。故障排除后若要重新启动，需按下 FR 的复位按钮，使 FR 的常闭触点复位(闭合)即可。

2 多点控制

多地控制就是要在两个或者多个地点根据实际的情况设置控制按钮,在不同的地点进行相同的控制。以两地控制为例,其控制电气原理图如图2-4所示。

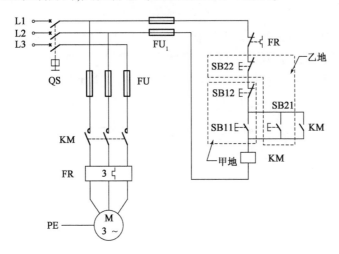

图 2-4 两地控制电气原理图

其中,SB11、SB12为安装在甲地的启动按钮和停止按钮,SB21、SB22为安装在乙地的启动按钮和停止按钮。线路的特点是:启动按钮应并联在一起,停止按钮应串联在一起。这样,就可以分别在甲、乙两地控制同一台电动机,达到操作方便的目的。对于三地或多地控制,只要将各地的启动按钮并联、停止按钮串联即可实现。

3 互锁控制

电动机在日常使用中需要正反转,可以说电动机的正反转广泛使用。例如,行车、木工用的电刨床、台钻、刻丝机、甩干机和车床等。为了使电动机能够正转和反转,在自锁控制电路的基础上,采用两只接触器 KM1、KM2 换接电动机三相电源的相序就可以实现电机正反转。

若无互锁环节,如图2-5所示,合上空气开关 QS 接通三相电源后,按下正向启动按钮 SB2,KM1 通电吸合并自锁,主触头闭合接通电动机,电动机这时的相序是 L1、L2、L3,即正向运行。

若要反向运行,只需按下停止按钮 SB3,使电动机停下后,再按下反向启动按钮 SB2,KM2 通电吸合并通过辅助触点自锁,常开主触头闭合换接了电动机三相的电源相序,这时电动机的相序是 L3、L2、L1,即反向运行。

但是,如果同时按下 SB1 和 SB2,则两个接触器同时吸合将造成电源的短路事故,为了防止这种事故,在电路中应采取可靠的互锁。简单来讲,互锁就是几个回路之间,利用某一回路的辅助触点,去控制对方的线圈回路,进行状态保持或功能限制。一般对象是对其他回路的控制。

3.1 电气(接触器)互锁

KM1 线圈回路串入 KM2 的常闭辅助触点,KM2 线圈回路串入 KM1 的常闭辅助触点。当正转接触器 KM1 线圈通电动作后,KM1 的辅助常闭触点断开了 KM2 线圈回路,若使 KM1 得电吸合,必须先使 KM2 断电释放,其辅助常闭触头复位,这就防止了 KM1、KM2 同时吸合造成相间短路,这一线路环节称为接触器互锁环节,如图 2-5 所示。该控制线路的优点是工作安全可靠,缺点是操作不便。因电动机从正转变为反转时,必须先按下停止按钮 SB3 后,才能按反转启动按钮 SB2,否则由于接触器的联锁作用,不能实现反转。为克服此线路的不足,可采用基于按钮、接触器双重联锁的正、反转控制线路。

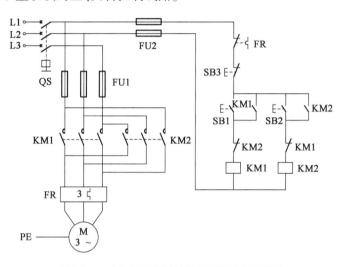

图 2-5　电动机正反转接触器互锁控制电气原理图

3.1.1　电路结构及主要电气元件作用

由图 2-5 可知,该控制线路主电路由接触器 KM1、KM2 主触头、热继电器 FR 热元件和电动机 M 组成。实际应用时,KM1、KM2 主触头分别控制交流电动机 M 正转电源与反转电源的接通和断开,热继电器 KR 实现电动机 M 过载保护功能。

控制电路由热继电器 FR 动断触点、停止按钮 SB3、正转启动按钮 SB1、反转启动按钮 SB2、接触器 KM1、KM2 线圈及辅助动断触点、辅助动合触点组成。其中,KM1、KM2 辅助动合触点为自锁触头,实现自锁功能;KM1、KM2 辅助动断触点为联锁触头,实现联锁功能。

3.1.2　工作原理

该控制线路工作原理如下:

(1)先合上电源开关 QS。

(2)正转控制。

按下 SB1—KM1 线圈得电—KM1 主触头闭合/KM1 自锁触头闭合自锁/KM1 联锁触头分断对 KM2 联锁—电动机 M 启动连续正转。

(3)反转控制。

按下 SB3—KM1 线圈失电—KM1 主触头分断/KM1 自锁触头分断解除自锁/KM1 联锁触头恢复闭合,解除对 KM2 联锁—电动机 M 失电停转。

再按下 SB2—KM2 线圈得电—KM2 主触头闭合/KM2 自锁触头闭合自锁/KM2 联锁触头分断对 KM1 联锁—电动机 M 启动连续反转。

（4）停止：按下停止按钮 SB3—控制电路失电—KM1（或 KM2）触头系统复位—电动机 M 失电停转。

（5）停止使用时，断开电源开关 QS。

该控制线路的优点是工作安全可靠，缺点是操作不便。因电动机从正转变为反转时，必须先按下停止按钮 SB3 后，才能按反转启动按钮 SB2，否则由于接触器的联锁作用，不能实现反转。为克服此线路的不足，可采用基于按钮、接触器双重联锁的正、反转控制线路。

3.2 机械（按钮）互锁

在电路中采用了控制按钮操作的正反传控制电路，按钮 SB1、SB2 都具有一对常开触点，一对常闭触点，这两个触点分别与 KM1、KM2 线圈回路连接，如图 2-6 所示。按钮 SB1 的常开触点与接触器 KM1 线圈串联，而常闭触点与接触器 KM2 线圈回路串联。按钮 SB2 的常开触点与接触器 KM2 线圈串联，而常闭触点压 KM1 线圈回路串联。这样，当按下 SB1 时只能有接触器 KM1 的线圈可以通电而 KM2 断电，按下 SB2 时只能有接触器 KM2 的线圈可以通电而 KM1 断电，如果同时按下 SB1 和 SB2，则两只接触器线圈都不能通电。这样就起到了互锁的作用。

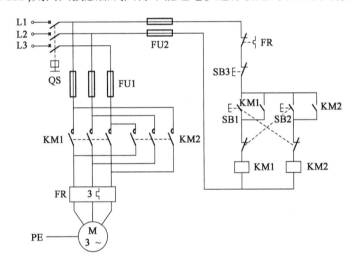

图 2-6　电动机机械（按钮）正反转控制电气原理图

3.2.1　电路结构及主要电气元件作用

由图 2-6 可知，该控制线路与图 2-5 比较，其主电路与接触器联锁正、反转控制线路主电路完全相同。控制电路不同之处是图 2-6 中接触器 KM1、KM2 辅助动断触点变换成按钮 SB2、SB3 动断触点。实际应用时，SB2、SB3 选用复合按钮，是联锁控制的另一种常用电路结构。

3.2.2　工作原理

该控制线路工作原理如下：

（1）先合上电源开关 QS。

（2）正转控制。

按下 SB1—SB1 动断触头先分断对 KM2 联锁/SB1 动合触头后闭合—KM1 线圈得电—KM1 主触头闭合/KM1 自锁触头闭合自锁—电动机 M 启动连续正转。

（3）反转控制。

按下 SB2—SB2 动断触头先分断对 KM1 联锁—KM1 线圈失电—KM1 触头系统复位—电动机 M 失电停止正转。

SB2 动合触头后闭合—KM2 线圈得电—KM2 主触头闭合/KM2 自锁触头闭合并自锁—电动机 M 启动连续反转。

（4）停止：按下停止按钮 SB3—控制电路失电—KM1（或 KM2）触头系统复位—电动机 M 失电停转。

（5）停止使用时，断开电源开关 QS。

由上述分析可知，该控制线路不需按停止按钮 SB3，而直接按下反方向启动按钮来改变电动机 M 的运转方向，具有操作方便的优点，其缺点是容易产生电源两相短路故障。例如：当正转接触器 KM1 发生主触头熔焊或被杂物卡住等故障时，即使接触器 KM1 失电，主触头也处于闭合状态，这时若直接按下反转启动按钮 SB2，接触器 KM2 得电吸合，其主触头处于闭合状态，必然造成电源两相短路故障。所以采用此线路工作时存在安全隐患。在实际工作中，经常采用基于按钮、接触器双重联锁的正、反转控制线路。

3.3 基于机械与电气的双重互锁

基于按钮、接触器的双重互锁电机正反转控制电路如图 2-7 所示，该控制线路也具有电动机正、反转控制，过流保护和过载保护等功能，且可克服接触器联锁正、反转控制线路和按钮联锁正、反转控制线路的不足。

控制电路部分在接触器 KM1 线圈回路中串接了接触器 KM2 辅助常闭触点和 SB2 反转启动常闭触点；接触器 KM2 线圈回路中串接了接触器 KM1 辅助常闭触点和 SB1 正转启动常闭触点，从而实现双重互锁功能。

3.3.1 电路结构及主要电气元件作用

由图 2-7 可知，该控制线路与图 2-5 比较，其主电路与接触器联锁正、反转控制线路主电路完全相同。控制电路部分在接触器 KM1 线圈回路中串接了接触器 KM2 辅助动断触点和反转启动按钮 SB3 动断触点；接触器 KM2 线圈回路中串接了接触器 KM1 辅助动断触点和正转启动按钮 SB2 动断触点，从而实现双重联锁功能。

3.3.2 工作原理

该控制线路工作原理如下：

（1）先合上电源开关 QS。

（2）正转控制。

按下 SB1—SB1 动断触头先分断对 KM2 联锁/SB1 动合触头后闭合—KM1 线圈得电—KM1 主触头闭合/KM1 自锁触头闭合自锁/KM1 联锁触头分断对 KM2 联锁—电动机 M 启动连续正转。

（3）反转控制。

按下 SB2—SB2 动断触头先分断对 KM1 联锁—KM1 线圈失电—KM1 触头系统复位—电动机 M 失电停止正转。

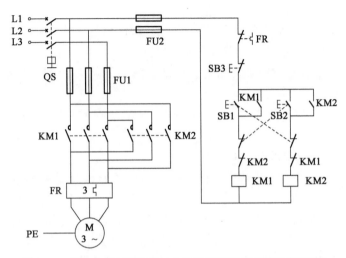

图 2-7 三相异步电动带机械与电气双重互锁正反转控制电气原理图

SB2 动合触头后闭合—KM2 线圈得电—KM2 主触头闭合/KM2 自锁触头闭合并自锁/KM2 联锁触头分断对 KM1 联锁—电动机 M 启动连续反转。

(4)停止：按下停止按钮 SB3—控制电路失电—KM1（或 KM2）触头系统复位—电动机 M 失电停转。

(5)停止使用时，断开电源开关 QS。

4 行程控制

利用生产机械运动部件上的挡铁与行程开关碰撞，使其触头动作来接通或断开电路，以实现对生产机械运动部件的位置或行程的自动控制的方法称为位置控制，又称为行程控制或限位控制。基于行程开关的位置控制线路如图 2-8 所示。该线路常用于生产机械运动部件的行程、位置限制，如在摇臂钻床、万能铣床、镗床、桥式起重机及各种自动或半自动控制机床设备中运动部件的控制。

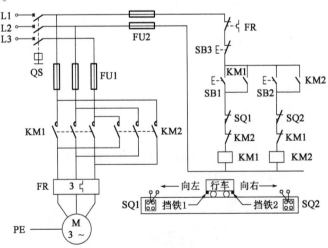

图 2-8 基于行程开关的位置控制电气原理图

4.1 基于行程开关的位置控制

4.1.1 电路结构及主要电气元件作用

由图 2-8 可知,该控制线路主电路属于典型的正、反转电路结构,即与图 2-5 主电路相同。控制电路与图 2-7 相比较,在接触器 KM1 线圈回路串接了行程开关 SQ1 的动断触点及在接触器 KM2 线圈回路串接了行程开关 SQ2 的动断触点。实际应用时,行程开关 SQ1 和 SQ2 一般安装在需要限制行程的两个不同的位置上,其作用是当电动机 M 驱动工作机械运行至这两个位置时,即可撞击行程开关而停止运转。

4.1.2 工作原理

该控制线路工作原理如下:

(1)先合上电源开关 QS。

(2)行车向前运动。

按下 SB1—KM1 线圈得电—KM1 主触头闭合/KM1 自锁触头闭合/KM1 联锁触头分断对 KM2 联锁—电动机 M 启动连续正转—行车前移并移至限定位置,挡铁 1 碰撞行程开关 SQ1—SQ1 动断触头分断—KM1 线圈失电—KM1 主触头分断/KM 自锁触头分断解除自锁/KM1 联锁触头恢复闭合,解除对 KM2 联锁—电动机 M 失电停转—行车停止前移。

(3)行车向后运动。

按下 SB2—KM2 线圈得电—KM2 主触头闭合/KM2 自锁触头闭合/KM2 联锁触头分断对 KM1 联锁—电动机 M 启动连续反转—行车后移并移至限定位置,挡铁 2 碰撞行程开关 SQ2—SQ2 动断触头分断—KM2 线圈失电—KM2 主触头分断/KM2 自锁触头分断解除自锁/KM2 联锁触头恢复闭合,解除对 KM1 联锁—电动机 M 失电停转—行车停止后移。

(4)停止。

按下停止按钮 SB3—控制电路失电—KM1(KM2)触头系统复位—电动机 M 失电停转。

(5)停止使用时,断开电源开关 QS。

4.2 基于行程开关的自动往返控制

图 2-8 所示位置控制线路所控制的工作机械,运动至所指定的行程位置即停止,而有些机床在运行时要求工作机械自动往返运动,实现该功能的控制线路称为自动往返行程控制线路。基于行程开关的自动往返行程控制线路,如图 2-9 所示。

4.2.1 电路结构及主要电气元件作用

由图 2-9 可知,该控制线路主电路仍然属于典型的正、反转电路结构。控制电路与图 2-8 所示位置控制线路相比较,增加了行程开关 SQ3 和 SQ4,并且行程开关 SQ1 和 SQ2 采用了复合触头接线控制方式。实际应用时,行程开关 SQ1、SQ3 及行程开关 SQ2、SQ4 分别被安装在工作机械的两运动终点上。例如:若工作机械在左、右两端点位置往返运动,将行程开关 SQ1、SQ3 安装在工作机械的左端,而将行程开关 SQ2、SQ4 安装在工作机械的右端。

4.2.2 工作原理

该控制线路工作原理如下:

（1）先合上电源开关 QS。

（2）自动往返运动。

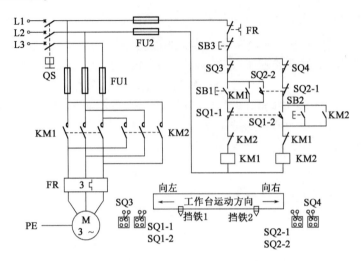

图 2-9　基于行程开关的自动往返控制电气原理图

按下 SB1—KM1 线圈得电—KM1 主触头闭合/KM1 主触头闭合/KM1 联锁触头分断对 KM2 联锁—电动机 M 启动连续正转—工作台左移并移至限定位置，挡铁 1 碰撞行程开关 SQ1—SQ1-1 先分断/KM1 线圈失电/SQ1-2 后闭合—KM1 主触头分断/KM1 自锁触头分断解除自锁/KM1 联锁触头恢复闭合—电动机 M 失电停转—工作台停止左移。

KM2 线圈得电—KM2 主触头闭合/KM2 主触头闭合/KM2 联锁触头分断对 KM1 联锁—电动机 M 启动连续反转—工作台右移并移至限定位置，挡铁 2 碰撞行程开关 SQ2—SQ2-1 先分断/KM2 线圈失电/SQ2-2 后闭合—KM2 主触头分断/KM2 自锁触头分断解除自锁/KM2 联锁触头恢复闭合—电动机 M 停转—工作台停止右移。

KM1 线圈得电—KM1 主触头闭合/KM1 主触头闭合/KM1 联锁触头分断对 KM2 联锁—电动机 M 启动连续正转—工作台左移并移至限定位置，如此循环往复。

（3）停止：按下停止按钮 SB3—控制电路失电—KM1（或 KM2）触头系统复位—电动机 M 失电停转。

（4）停止使用时，断开电源开关 QS 在图 2-9 中，行程开关 SQ3、SQ4 的作用是：当工作机械运动至左端或右端时，若行程开关 SQ1 或 SQ2 出现故障失灵，工作机械撞击它时不能切断各接触器线圈的电源通路，工作机械将继续向左或向右运动，此时会撞击行程开关 SQ3 或 SQ4，对应 SQ3 或 SQ4 动断触点断开，从而切断控制电路的供电回路，强迫对应接触器线圈断电，使电动机 M 停止运行。

学习情境

1　信息（创设情境、提供资讯）

重庆某公司厂房有一台 M7132Z 型卧轴矩台平面磨床工作台（图 2-10）自动往复控制功能失效，现需要重新设计一套工作台行程控制的电气控制系统，并进行安装调试。

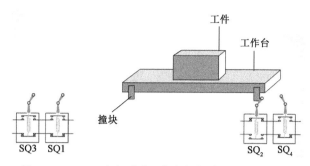

图 2-10　M7132Z 型平面磨床工作台自动往复运行控制示意图

控制要求如下:

(1)在床身两端固定有行程开关 SQ1、SQ2,表明加工的起点与终点。

(2)工作台上有装块 A 和 B,其随运动部件工作台一起移动,压下 SQ2、SQ1,来改变控制电器状态,实现工作台自动往复运动。

(3)按下停止开关,电动机停止,工作台停下。

(4)当行程开关失灵时,由限位开关 SQ3、SQ4 来实现极限保护,避免运动部件因超出极限位置而发生事故。

接受任务后,查阅相关资料,设计电气控制原理图和布线图,并完成控制系统安装。

独立工作:搜集三相异步电动机及其控制电路方面信息,完成以下任务。

(1)查阅资料,阐述自锁与互锁区别,本情境中需要用到哪一种?

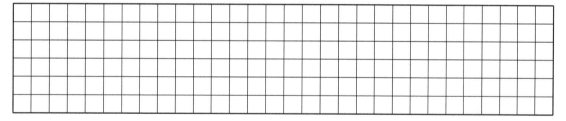

(2)查阅资料,阐述电动机点动与连续运行区别,本情境中需要用到哪一种?

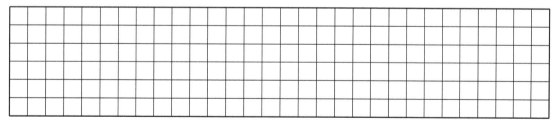

(3)查阅资料,阐述电动机单向运行与正反转区别,本情境中需要用到哪一种?

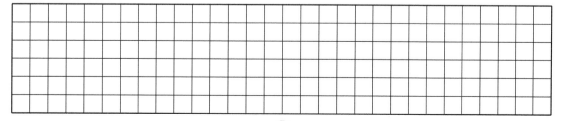

(4)在分析 M7132Z 型平面磨床工作台自动往复运行电气控制系统工作原理。

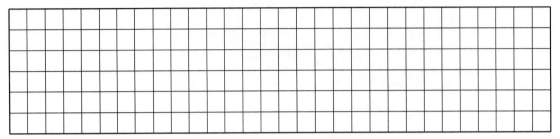

(5)在下方区域写出此电气控制系统中需要使用到的保护环节,并说明采用什么电气元件?

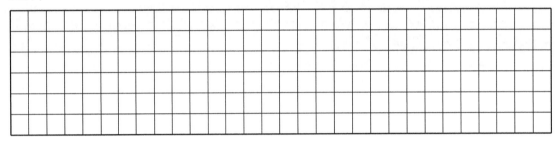

(6)查阅资料,在下方区域绘制带自锁的三相异步电动机的正反转控制电气原理图。

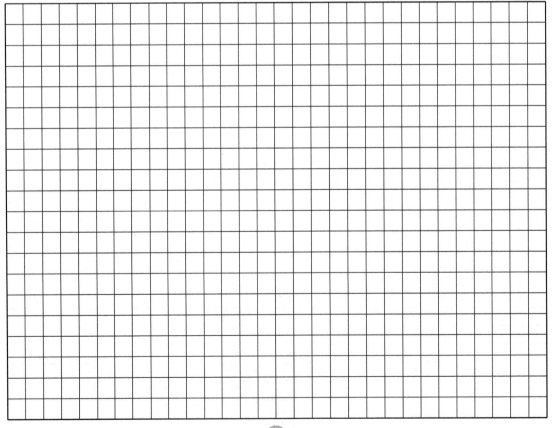

（7）查阅资料,在下方区域绘制带自锁、机械互锁和电气互锁的三相异步电动机的正反转控制电气原理图。

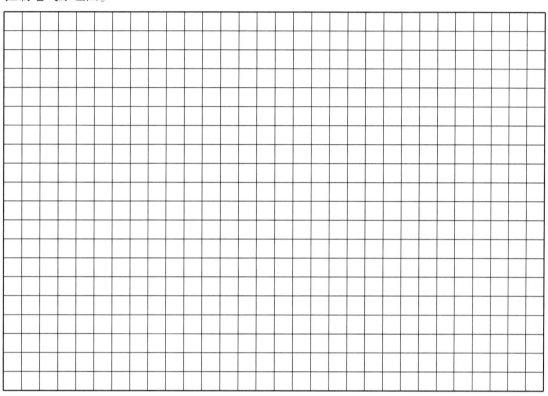

2 计划(分析任务、制订计划)

个人/小组工作:根据 M7132Z 型磨床工作台自动往复运行控制系统工作原理并结合三相异步电动机的正反转控制原理图,完成下列任务。

（1）拟订电气元件及功能说明表,完成表 2-17。

电气元件及功能说明   表 2-17

符　号	名称及用途	符　号	名称及用途

（2）绘制能够满足机床工作台自动往复运行功能的控制电路原理图。

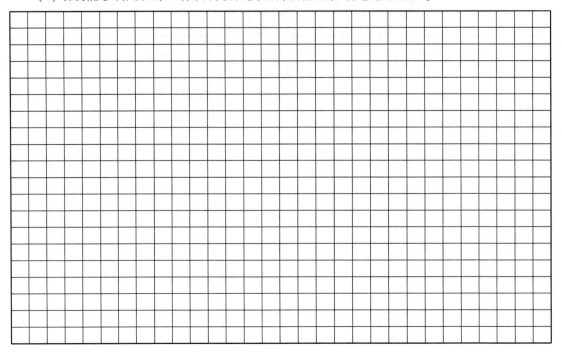

（3）根据培训中心现场情况，列出 M7132Z 型平面磨床工作台自动往复运行控制电路所需元器件及材料清单，完成表2-18。

清　单　　　　　　　　　　　　　表2-18

序号	名　称	符　号	型　号	数　量	规　格
1					
2					
3					
4					
5					
6					
7					
8					

（4）列出 M7132Z 型磨床工作台自动往复运行电气控制系统安装所需工具、辅具及耗材清单，完成表2-19。

清　单　　　　　　　　　　　　　表2-19

序号	名　称	型　号	规　格	数　量	备　注
1					
2					
3					
4					
5					

续上表

序号	名　称	型　号	规　格	数　量	备　注
6					
7					
8					
9					
10					
11					
12					

3　决策(集思广益、作出决定)

个人/小组工作:根据 M7132Z 型磨床工作台自动往复运行电气控制原理图,完成下列任务。

(1)绘制 M7132Z 型磨床工作台自动往复运行控制电路布线图。

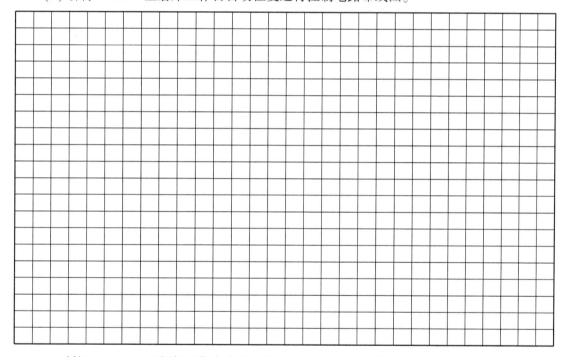

(2)制订 M7132Z 型磨床工作台自动往复运行电气控制系统安装项目小组工作计划表,确认成员分工及计划时间,完成表 2-20。

成员分工及计划时间

表 2-20

序号	工作计划	职　责	人　员	计划工时	备　注
1					
2					
3					
4					
5					

序号	工 作 计 划	职 责	人 员	计 划 工 时	备 注
6					
7					
8					

4 实施(分工合作、沟通交流)

小组工作:按工作计划实施 M7132Z 型磨床工作台自动往复运行电气控制电路安装与调试,完成表 2-21。

安 装 与 调 试　　　　　　　　　　表 2-21

序号	行 动 步 骤	实 施 人 员	实 际 用 时	计 划 工 时
1				
2				
3				
4				
5				
6				
7				
8				

独立工作:选用万用表对电气系统进行短路检查。在表 2-22 中记录常规检查的要点和结果。

检查关键点和结果　　　　　　　　　　表 2-22

步骤	检 查 关 键 点	测 量 方 式	结 果 处 理
1			
2			
3			
4			
5			
6			
7			
8			

5 控制(查漏补缺、质量检测)

个人/小组工作:明确检测要素与整改措施,完成表 2-23。

检测要素与整改措施　　　　　　　　　　表 2-23

序号	检 测 要 素	技 术 标 准	是 否 完 成	整 改 措 施
1				
2				
3				
4				
5				
6				

小组工作:检查各小组的工作过程实施情况,完成表2-24。

工作过程实施情况　　　　　　　　　　　　表2-24

检查项目	检查结果			需完善点	其他
	个人检查	小组检查	教师检查		
工时执行					
5S执行					
质量成果					
学习投入					
获取知识					
技能水平					
安全、环保					
设备使用					
突发事件					

6　评价(总结过程、任务评估)

小组工作:将自己的总结向别的同学介绍,描述收获、问题和改进措施。在一些工作完成不尽意的地方,征求意见。

(1)收获。

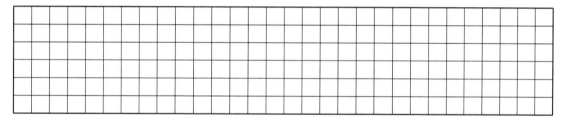

(2)问题。

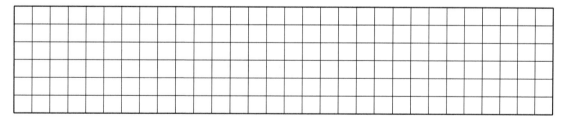

(3)别人给自己的意见。

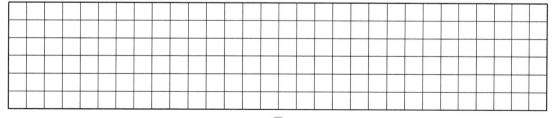

（4）改进措施。

自评和互评：小组之间按照评分标准进行工作过程自评和互评，完成表2-25。

自 评 和 互 评　　　　表 2-25

班级		被评组名		日期		
评价指标	评价要素			分数	自评分数	互评分数
信息检索	该组能否有效利用网络资源、工作手册查找有效信息			5		
	该组能否用自己的语言有条理地去解释、表述所学知识			5		
	该组能否对查找到的信息有效转换到工作中			5		
感知工作	该组能否熟悉自己的工作岗位，认同工作价值			5		
	该组成员在工作中，是否获得满足感			5		
参与状态	该组与教师、同学之间是否相互尊重、理解、平等			5		
	该组与教师、同学之间是否能够保持多向、丰富、适宜的信息交流			5		
	该组能否处理好合作学习和独立思考的关系，做到有效学习			5		
	该组能否提出有意义的问题或能发表个人见解；能按要求正确操作；能够倾听、协作分享			5		
	该组能否积极参与，在产品加工过程中不断学习，综合运用信息技术的能力提高很大			5		
学习方法	该组的工作计划、操作技能是否符合规范要求			5		
	该组是否获得了进一步发展的能力			5		
工作过程	该组是否遵守管理规程，操作过程符合现场管理要求			5		
	该组平时上课的出勤情况和每天完成工作任务情况			5		
	该组成员是否能加工出合格工件，并善于多角度思考问题，能主动发现、提出有价值的问题			15		
思维状态	该组是否能发现问题、提出问题、分析问题、解决问题、创新问题			5		
自评反馈	该组能严肃认真地对待自评，并能独立完成自测试题			10		
总分数				100		
简要评述						

教师总评：教师按照评分标准对各小组进行任务工作过程总评，完成表2-26。

总　评　　　　　　　　　　　　　　　　　　　　　表 2-26

班级			组名		姓名	
出勤情况						
一	信息	口述或书面梳理工作任务要点	1. 表述仪态自然、吐字清晰	15	表述仪态不自然或吐字模糊扣 5 分	
			2. 工作页表述思路清晰、层次分明、准确		表述思路模糊或层次不清扣 5 分,分工不明确扣 5 分	
二	计划	绘制电气原理图并拟订物料清单	1. 图样关键点准确	15	表述思路或层次不清扣 5 分	
			2. 制订计划及清单清晰合理		计划及清单不合理扣 5 分	
	决策	绘制电气接线图并制订工艺计划	1. 接线图准确无误 2. 制订合理工艺	20	一处计划不合理扣 2 分,扣完为止	
三	实施	安装准备	1. 工具、元器件、辅材准备	2	每漏一项扣 1 分	
		电气安装	2. 正确选择电气元件、工具及辅材	3	选择错误扣 1 分,扣完为止	
			3. 正确实施计划无失误(依据零件评分表)	15		
		现场	4. 在工作过程中保持 6S、设备、工具、量具、刀具、工位现场恢复整理	10	每出现一项扣 1 分,扣完此项配分为止	
四	控制		正确读取和测量加工数据并正确分析测量结果	10	能自我正确检测工件并分析原因,错一项,扣 1 分,扣完为止	
五	评价	工作过程评价	1. 依据自评分数	5		
			2. 依据互评分数	5		
六		合计		100		

复习提高

1. 进行变压器耐压试验的试验电压频率应为(　　　)Hz。

A. 50　　　　　　　B. 100　　　　　　　C. 1000　　　　　　　D. 10000

2. 三相异步电动机定子各相绕组在每个磁极下均匀分布,以达到(　　　)的目的。

A. 磁场均匀　　　　　　　　　　B. 磁场对称

C. 增强磁场　　　　　　　　　　D. 减弱磁场

3. 从工作原理来看,中、小型电力变压器的主要组成部分是(　　　)。

A. 油箱和油枕　　　　　　　　　B. 油箱和散热器

C. 铁芯与绕组　　　　　　　　　D. 外壳和保护保护装置

4. 在接触器互锁的正反转控制电路中,其联锁触头应是对方接触器的(　　　)。

A. 主触头　　　B. 常开辅助触头　　　C. 常闭辅助触头　　　D. 辅助触头

5. 进行变压器耐压试验时,试验电压的上升速度,首先以任意速度上升到额度试验电压的

( )% ,然后再以均匀缓慢的速度升到额度试验电压。

    A. 10   B. 20   C. 40   D. 50

6. 电流表在使用时要与被测电路( )。

    A. 串联   B. 并联   C. 短路   D. 混联

7. 正反转控制电路,在实际工作中最常见、最可靠的是( )。

    A. 倒顺开关   B. 接触器联锁

    C. 按钮互锁   D. 按钮,接触器双重互锁

8. 按钮、接触器双重互锁的正反转控制电路,从在转到反转的操作过程是( )。

    A. 按下反转按钮   B. 先按下停止按钮,再按下反转按钮

    C. 先按下正转按钮,再按下反转按钮   D. 先按下反转按钮,再按下正转按钮

9. 三相交流异步电动机正反转控制的关键是改变( )。

    A. 电源电压   B. 电源相序   C. 电源电流   D. 负载大小

10. 什么叫触点熔焊现象?正反转启动控制电路中采用什么具体措施可以避免因触点熔焊而导致的主电路相间短路故障?

11. 自动往返控制电路一般通过( )来控制电动机正反转运行。

    A. 速度继电器   B. 行程开关   C. 按钮   D. 热继电器

12. 工厂车间的行车需要位置控制,行车两头的终点处各安装一个位置开关,两个位置开关要分别( )在电动机的正转和反转控制电路中。

    A. 短接   B. 混联   C. 并联   D. 串联

13. 常用的绝缘材料包括:气体绝缘材料、( )和固体绝缘材料。

    A. 木头   B. 玻璃   C. 胶木   D. 液体绝缘材料

14. 电力系统负载大部分是感性负载,要提高电力系统的功率因素常采用( )的方式。

    A. 串联电容   B. 并联电容   C. 串联电感   D. 并联电感

15. 起重机的升降控制线路属于( )控制电路。

    A. 点动   B. 自锁   C. 正反转   D. 顺序

16. 异步电动机不希望空载或者轻载的主要原因是( )。

    A. 功率因素低   B. 定子电流较大

    C. 转速太高有危险   D. 转子电流较大

17. 晶体管时间继电器与气囊式时间继电器相比,寿命长短、调节性能和耐冲击性等三项性能( )。

    A. 较差   B. 较良

    C. 较优   D. 因使用场合不同而异

18. 在电路参数测量过程中,电压是(　　　),不随参考点改变而改变。

    A. 衡量　　　　　　　B. 变量　　　　　　　C. 绝对量　　　　　　　D. 相对量

19. 通电延时时间继电器的延时触点动作情况是(　　　)。

    A. 线圈通电时触点延时动作,断电时触点瞬时动作

    B. 线圈通电时触点瞬时动作,断电时触点延时动作

    C. 线圈通电时触点不动作,断电时触点瞬时动作

    D. 线圈通电时触点不动作,断电时触点延时动作

20. 断路器相对于熔断器有什么优势? 断路器除了手动脱扣还有哪两个脱扣机构?

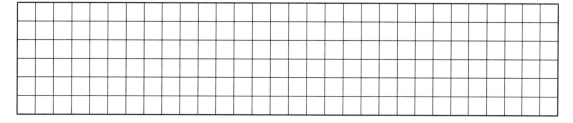

学习情境2-4　工业厂房行车(电动葫芦)电气控制系统设计与安装

 学习目标

知识目标:

1. 了解常用电工工具的使用规范;

2. 掌握三相异步电动机正反转控制原理;

3. 掌握互锁控制原理;

4. 掌握行程控制原理;

5. 掌握制动控制原理;

6. 掌握电气原理图和电气元件布置图和接线图的绘制方法;

7. 掌握电路检测和工作过程评价的方法。

能力目标:

1. 能够接受工作任务,合理收集专业知识信息;

2. 能够进行小组合作,制订小组工作计划;

3. 能够识读并分析三相异步电动机正反转电气原理图并进行工业厂房行车电气控制系统的改进设计;

4. 能够根据行车电气控制系统电气原理图拟订物料清单;

5. 能够根据行车电气控制系统电气原理图绘制电气接线图;

6. 能够根据行车电气控制系统电气接线图进行电气系统接线、安装与调试;

7. 能够自主学习,与同伴进行技术交流,处理工作过程中的矛盾与冲突;

8. 能够进行学习成果展示和汇报。

素养目标：

能够考虑安全与环保因素,遵守工位5S与安全规范。

知识模块

某些生产机械,如车床等,要求在工作时频繁启动与停止;有些工作机械,如起重机的吊钩,需要准确定位,这些机械都要求电动机在断电后迅速停转,以提高生产效率和保护安全生产。电动机断电后,能使电动机在很短的时间内就停转的方法,称作制动控制。制动控制的方法常用的有两类,即电气制动与机械制动。电气制动常用的方法有反接制动、能耗制动、电容制动。

1 电气制动控制

原理:改变电动机电源相序,使定子绕组产生反向的旋转磁场,形成制动转矩。

要求:10kW以上电动机的定子电路中串入反接制动电阻,转速接近于零时,及时切断反相序电源,防止反向再启动。关键是电动机电源相序的改变,且当转速下降接近于零时,能自动将电源切除。依靠改变电动机定子绕组的电源相序形成制动力矩,迫使电动机迅速停转的方法叫反接制动。

1.1 基于接触器的单向启动反接制动

如图2-11所示,该线路适用于制动要求迅速、系统惯性较大、不经常启动和制动的场合,如铣床、中型车床等主轴的制动控制。

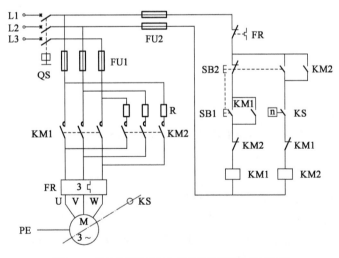

图2-11 基于接触器的单向启动反接制动电气原理图

1.1.1 电路结构及主要电气元件作用

由图2-11可知,该控制线路与图2-5比较,其主电路在接触器联锁正、反转控制线路基础上增加了速度继电器KS,其主要作用为同步检测电动机M转速。控制电路由热继电器FR动断触点、启动按钮 SB1、制动按钮 SB2、速度继电器 KS 动合触点、接触器 KM1、KM2 线圈及其辅助动合、动断触点组成。

1.1.2 工作原理

该控制线路工作原理如下：

（1）合上电源开关 QS。

（2）单向启动。

按下 SB1—KM1 线圈得电—KM1 主触头闭合/KM1 自锁触头闭合并自锁/KM1 联锁触头分断对 KM2 联锁—电动机 M 启动运转—至电动机转速上升到一定值（120r/min 左右）时—KS 动合触头闭合为制动作准备。

（3）反接制动。

按下复合按钮 SB2—SB2 动断触头先分断/SB2 动断合触头后闭合—KM1 线圈失电—KM1 主触头分断/KM1 自锁触头分断解除自锁—电动机 M 暂时失电—KM1 联锁触头闭合—KM2 线圈得电—KM2 主触头闭合/KM2 自锁触头闭合并自锁/KM2 联锁触头分断对 KM1 联锁—电动机 M 串接 R 反接制动—至电动机转速下降到一定值（100r/min 左右）时—KS 动合触头分断—KM2 线圈失电—KM2 主触头分断/KM2 自锁触头分断解除自锁/KM2 联锁触头闭合解除联锁—电动机 M 失电停转，制动结束。

（4）停止使用时：断开电源开关 QS。

值得注意的是，反接制动时，由于旋转磁场与转子的相对转速很高，故转子绕组中感生电流很大，致使定子绕组中的电流也很大，一般约为电动机额定电流的 10 倍。因此，反接制动适用于 10kW 以下小容量电动机的制动，并且对 4.5kW 以上的电动机进行反接制动时，需在定子回路中串入限流电阻 R，以限制反接制动电流。

1.2 基于接触器的单相桥式整流单向启动能耗制动

原理：电动机脱离三相交流电源后，在定子绕组加直流电源，以产生起阻止旋转作用的静止磁场，达到制动的目的。

特点（与反接制动相比）：消耗的能量小，其制动电流要小得多；适用于电动机能量较大，要求制动平稳和制动频繁的场合；能耗制动需要直流电源整流装置。能耗制动是在电动机脱离交流电源后，迅速给定子绕组通入直流电源，产生恒定磁场，利用转子感应电流与恒定磁场的相互作用达到制动的目的。由于此制动方法是将电动机旋转的动能转变为电能，并消耗在制动电阻上，故称为能耗制动或动能制动。基于接触器的单相桥式整流单向启动能耗制动控制线路如图 2-12 所示。

1.2.1 电路结构及主要电气元件作用

由图 2-12 可知，该控制线路的主电路由单向运转单元电路和直流整流装置两部分组成。实际应用时，熔断器 FU3 实现整流装置恒路保护功能，降压变压器 TC 将 380V 交流电压降压为 24V 交流电压，整流器 VC 的作用是将 24V 交流电源整流成制动用直流电源，电位器 RP 用以调节通入电动机 M 绕组中电流的大小，接触器 KM2 控制电动机 M 直流制动电源的接通和断开。控制电路由热继电器 FR 动断触点、制动按钮 SB2、启动按钮 SB1、接触器 KM1、KM2 线圈及其辅助动合、动断触点、时间继电器 KT 线圈及其延时断开动断触点组成。其中时间继电器 KT 实现电动机 M 能耗制动时间控制功能。

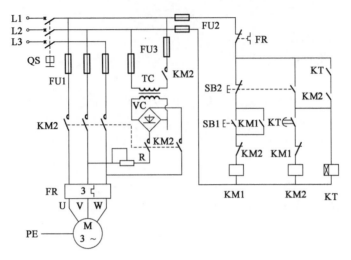

图 2-12　基于接触器的单相桥式整流单向启动能耗制动电气原理图

1.2.2　工作原理

该控制线路工作原理如下：

（1）先合上电源开关 QS。

（2）单向启动。

按下 SB1—KM1 线圈得电—KM1 主触头闭合/KM1 自锁触头闭合并自锁/KM1 联锁触头分断对 KM2 联锁—电动机 M 启动运转。

（3）能耗制动。

按下按钮 SB2—SB2 动断触头先分断—KM1 线圈失电—KM1 主触头分断/KM1 自锁触头分断解除自锁/KM1 联锁触头恢复闭合—电动机 M 暂时失电—SB2 动合触头后闭合—KM2 线圈得电—KM2 主触头闭合/KM2 自锁触头闭合并自锁/KM2 联锁触头分断对 KM1 联锁—电动机 M 接入直流电能耗制动—KT 线圈得电—KT 动合触头瞬时闭合自锁/KT 动断触头延时后分断—KM2 线圈失电—KM2 主触头分断/KM2 自锁触头分断/KM2 联锁触头分断解除联锁—电动机 M 切断直流电源并且停转，能耗制动结束—KT 线圈失电—KT 触头瞬时复位。

（4）停止使用时，断开电源开关 QS。

该控制线路的优点是制动准确、平稳，且能量消耗较小，缺点是需附加直流电源装置，故设备费用较高，制动力较弱，在低速运转时制动力矩小。因此能耗制动适用于要求制动准确、平稳的场合，如磨床、立式铣床等的控制线路中。

1.3　基于时间继电器的电容制动

电容制动是指电动机脱离交流电源后，立即在电动机定子绕组的出线端接入电容器，利用电容器回路形成的感生电流迫使电动机迅速停转的制动方法。基于时间继电器的电容制动控制线路如图 2-13 所示。该线路一般用于 10kW 以下的小容量电动机，特别适用于存在机械摩擦和阻尼的生产机械和需要多台电动机同时制动的场合。

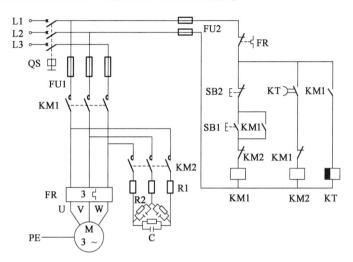

图 2-13 基于时间继电器的电容制动控制电气原理图

1.3.1 电路结构及主要电气元件作用

由图 2-13 可知,该控制线路主电路由单向运转单元电路和电容制动装置组成。实际应用时,电阻器 R1 为限流电阻,R2/C 阻容元件为电容制动装置,接触器 KM2 主触头实现电容制动装置接通和断开控制功能。控制电路由热继电器 FR 动断触点、制动按钮 SB2、启动按钮 SB1、接触器 KM1、KM2 线圈及其辅助动合、动断触点、时间继电器 KT 线圈及其延时触头组成。其中,断电延时型时间继电器 KT 实现电容制动时间控制功能。

1.3.2 工作原理

该控制线路工作原理如下:

(1)合上电源开关 QS。

(2)单向启动。

按下 SB1—KM1 线圈得电—KM1 主触头闭合/KM1 自锁触头闭合并自锁/KM1 联锁触头分断对 KM2 联锁—电动机 M 启动运转—KM1 辅助动合触头闭合—KT 线圈得电—KT 延时分断动合触头瞬时闭合,为 KM2 得电作准备。

(3)电容制动。

按下按钮 SB2—KM1 线圈失电—KM1 主触头分断/KM1 自锁触头分断解除自锁/KM1 联锁触头恢复闭合—电动机 M 暂时失电—SB2 动合触头后闭合—KM1 动合辅助触头分断—KM2 线圈得电—KT 线圈失电。

KM2 线圈得电—KM2 联锁触头分断对 KM1 联锁—KM2 主触头闭合—电动机 M 接入三相电容进行电容制动至停转。

KT 线圈失电,经 KT 整定时间—KT 动合触头分断—KM2 线圈失电—KM2 联锁触头恢复闭合/KM2 主触头分断/三相电容被切除。

(4)停止使用时,断开电源开关 QS。

该控制线路具有制动迅速、能量损耗小和设备简单等特点。控制电路中,电容器的耐压应不小于电动机的额定电压,其电容量也应满足要求。经验证明:对于380V、50Hz的笼型异步电动机,每千瓦每相约需要150μF。

2 机械制动控制

机械制动是利用机械装置,使电动机迅速停转的方法,经常采用的机械制动设备是电磁抱闸,电磁抱闸的结构主要由电磁线圈、衔铁、闸瓦以及闸轮组成,其中闸轮与电动机的转子相连。当电磁线圈处于通电状态时,电磁线圈吸引衔铁,使得闸瓦松开闸轮,电动机转子处于自由转动的状态;当电磁线圈处于断电状态时,在弹簧的作用下,衔铁带动闸瓦抱紧闸轮,闸瓦与闸轮之间的摩擦力使得电动机转子快速停止或者处于停止状态(图2-14)。

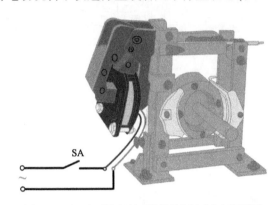

图2-14 基于电磁抱闸制动器的通电制动电气原理图

需要电机工作时,首先合上电源开关QS,引入电源。按下电机启动按钮SB1,使得KM线圈通电,此时控制电路中KM的辅助常开触点闭合,实现接触器自锁,同时主电路中线圈KM常开主触头闭合。在KM常开主触头闭合的同时,电机机械制动装置电磁抱闸的线圈通电,吸引衔铁带动闸瓦向上移动,从而松开闸轮,使得电动机转子处于自由转动的状态;如果电动机在运行的过程当中突然停电,或者按下电动机停止按钮SB2,电机机械制动装置电磁抱闸的线圈断电,衔铁在弹簧的作用下,带动闸瓦迅速向下移动,抱住闸轮,在闸瓦与闸轮之间摩擦力的作用下,使得电动机迅速停止转动。电动机机械制动的优点有定位准确,制动效果较好;同时,缺点也很明显,电动机机械制动容易产生机械撞击,对设备、结构等损伤较大。电动机在切断电源停转的过程中,产生一个与电动机实际旋转方向相反的制动力矩,迫使电动机迅速停转的方法叫制动。

2.1 基于电磁抱闸制动器的通电制动

2.1.1 电路结构及主要电气元件作用

由图2-15可知,该控制线路由电源电路、主电路和控制电路组成。

(1)电源电路:由组合开关QS、熔断器FU1、FU2组成。

(2)主电路:由接触器KM1主触头、热继电器FR热元器件和电动机M组成。

(3)控制电路:由热继电器FR动断开关、启动按钮SB1、停止按钮SB2、接触器KM1、KM2线圈及其相关触头组成。

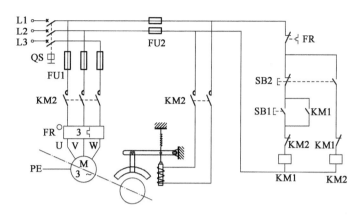

图 2-15 基于电磁抱闸制动器的通电制动电气原理图

2.1.2 工作原理

电路通电后,组合开关 QS 将 380V 的三相电源引入该断电型电磁抱闸制动控制线路。当需要三相异步电动机 M 启动运转时,按下启动按钮 SBL 接触器 KM 得电吸合并自锁,其主触头闭合接通三相异步电动机 M 工作电源,同时电磁抱闸 YB 通电工作,克服制动装置弹簧的拉力,带动机械抱闸松开对三相异步电动机 M 转轴的抱闸,电动机 M 通电启动运转。当需要三相异步电动机 M 制动停止时,按下其制动停止按钮 SB2,接触器 KM 失电释放。其主触头断开切断三相异步电动机 M 工作电源,电动机 M 失电,但由于惯性作用继续运转。同时,电磁抱闸 YB 断电,制动装置在弹簧力的作用下,带动抱闸将电动机 M 转轴紧紧抱住,电动机 M 迅速停转,从而实现电动机 M 制动控制功能。

2.2 基于电磁抱闸制动器的断电制动

2.2.1 电路结构及主要电气元件作用

由图 2-16 可知,该控制线路与图 2-15 所示电路结构及主要电气元件作用相似,此处不再赘述。

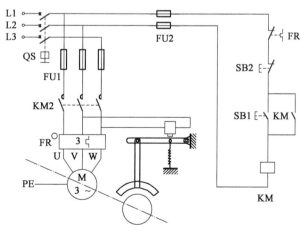

图 2-16 基于电磁抱闸制动器的断电制动电气原理图

2.2.2 工作原理

电路通电后,组合开关 QS 将 380V 的三相电源引入该电磁抱闸制动控制线路。当需要电动机 M 启动运转时,按下其启动按钮 SB1,接触器 KM1 得电吸合并自锁,其主触头闭合接通电动机 M 的电源,电动机 M 通电运转。当需要电动机 M 制动停止时,按下其制动停止按钮 SB2,其动断触点先断开,切断接触器 KM1 线圈回路的电源,使接触器 KM1 失电释放,主电路中接触器 KM1 主触头断开,切断电动机 M 绕组电源,电动机 M 失电,但由于惯性的作用,电动机 M 转子继续旋转。然后,按钮 SB2 的动合触点被压下闭合,接通接触器 KM2 线圈的电源,使 KM2 得电吸合,其主触头接通制动电磁铁 YB 线圈的电源,制动电磁铁 YB 动作,使闸瓦紧紧抱住闸轮,电动机 M 迅速停止,从而实现电动机制动控制。利用电磁抱闸制动器制动,在车床中被广泛采用。其优点是能够准确定位,同时当电动机处于停转常态时,电磁抱闸制动器线圈中无电流流过,闸瓦与闸轮分开,技术人员可以用手扳动电动机主轴调整工件、对刀等。

 **学习情境**

1 信息(创设情境、提供资讯)

重庆某公司厂房近期计划引入一架行车(电动葫芦)(图 2-17),现需要设计一套电动葫芦控制系统。

图 2-17 行车(电动葫芦)控制示意图

控制要求如下:

(1)电动机 M1 控制吊钩的上升与下降,SQ1 为上升极限位置的行程开关。

(2)电动机 M1 控制吊钩的左右移动,SQ2 与 SQ3 为左右移动极限位置的行程开关。

(3)电动葫芦使用时,按下相应的按钮,吊钩相应移动,松开按钮,吊钩停止移动。

(4)行车断电后,吊钩必须在原有位置锁死,防止发生意外事故。

接受任务后,查阅相关资料,设计电气控制原理图和布线图,并完成控制系统安装。

独立工作:搜集三相异步电动机及其控制电路方面信息,完成以下任务。

（1）分析电动葫芦是否需运用自锁？并解释原因。

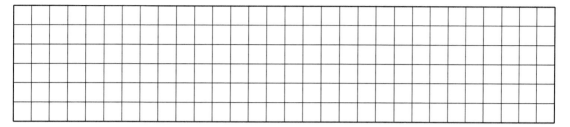

（2）查阅资料，在下方区域绘制不带自锁的三相异步电动机的正反转控制电气原理图。

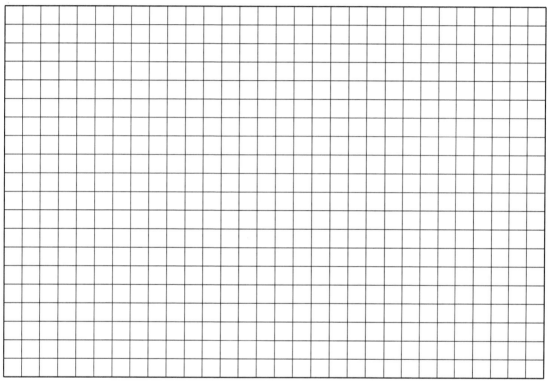

（3）查阅资料，在下方区域绘制不带自锁、机械互锁和电气互锁的三相异步电动机的正反转控制电气原理图。

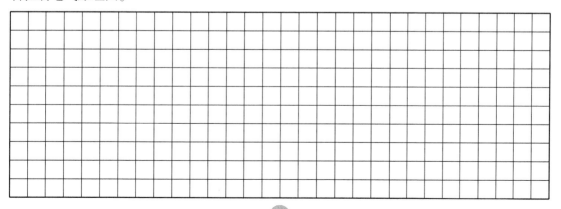

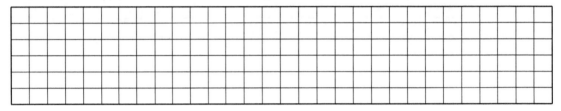

(4)在下方区域写出此电气控制系统中需要使用到的保护环节,并说明采用什么电器元件?

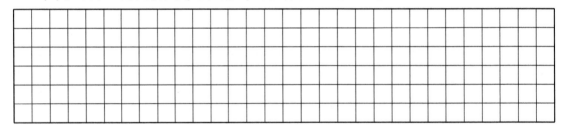

(5)在下方区域分析行车(电动葫芦)的控制系统工作原理。

2　计划(分析任务、制订计划)

个人/小组工作:根据行车(电动葫芦)的控制系统工作原理并结合三相异步电动机的点动和正反转控制原理图完成下列任务。

(1)拟订电气元件及功能说明表,完成表2-27。

电气元件及功能说明　　　　　　　　　　　表2-27

符　号	名称及用途	符　号	名称及用途

（2）绘制能够满足行车（电动葫芦）功能的控制电路原理图。

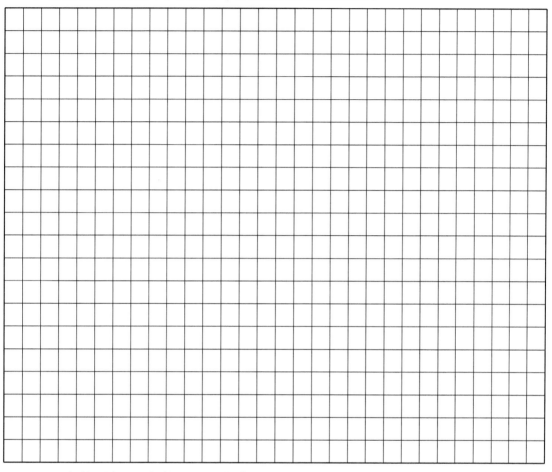

（3）根据培训中心现场情况，列出行车（电动葫芦）的电气控制电路所需元器件及材料清单，完成表2-28。

清　　单

表2-28

序号	名　称	符　号	型　号	数　量	规　格
1					
2					
3					
4					
5					
6					
7					
8					

(4)列出行车(电动葫芦)的电气控制电路实现所需工具、辅具及耗材清单,完成表2-29。

清 单 表2-29

序号	名 称	型 号	规 格	数 量	备 注
1					
2					
3					
4					
5					
6					
7					
8					
9					
10					
11					
12					

3 决策(集思广益、作出决定)

个人/小组工作:根据行车(电动葫芦)电气控制原理图完成下列任务。

(1)绘制行车(电动葫芦)的电气控制电路布线图。

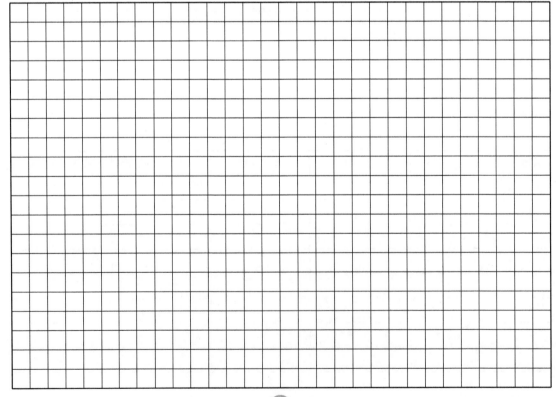

（2）制订行车(电动葫芦)的电气控制系统安装项目工作计划表,确认成员分工及计划时间,完成表2-30。

成员分工及计划时间

表2-30

序号	工作计划	职　责	人　员	计划工时	备　注
1					
2					
3					
4					
5					
6					
7					

4　实施(分工合作、沟通交流)

小组工作:按工作计划实施行车(电动葫芦)的电气控制电路的安装与调试,完成表2-31。

安 装 与 调 试

表2-31

序号	行 动 步 骤	实施人员	实际用时	计划工时
1				
2				
3				
4				
5				
6				
7				
8				

独立工作:选用万用表对电气系统进行短路检查。在表2-32中记录常规检查的要点和结果。

检查关键点和结果

表2-32

步骤	检查关键点	测量方式	结果处理
1			
2			
3			
4			
5			
6			
7			
8			

5 控制(查漏补缺、质量检测)

个人/小组工作:明确检测要素与整改措施,完成表2-33。

检测要素与整改措施   表2-33

序号	检测要素	技术标准	是否完成	整改措施
1				
2				
3				
4				
5				
6				

小组工作:检查各小组的工作过程实施情况,完成表2-34。

工作过程实施情况   表2-34

检查项目	检查结果			需完善点	其他
	个人检查	小组检查	教师检查		
工时执行					
5S执行					
质量成果					
学习投入					
获取知识					
技能水平					
安全、环保					
设备使用					
突发事件					

6 评价(总结过程、任务评估)

小组工作:将自己的总结向别的同学介绍,描述收获、问题和改进措施。在一些工作完成不尽意的地方,征求意见。

(1)收获。

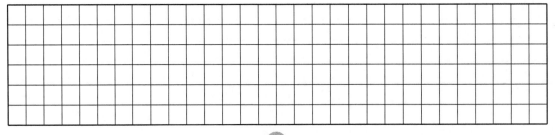

（2）问题。

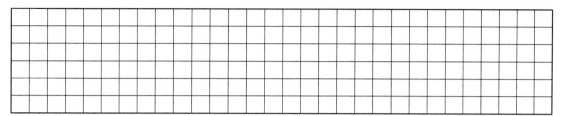

（3）别人给自己的意见。

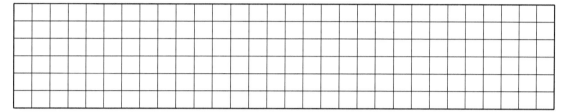

（4）改进措施。

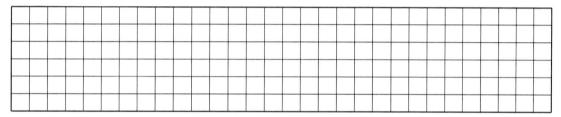

自评和互评：小组之间按照评分标准进行工作过程自评和互评，完成表2-35。

自 评 和 互 评

表2-35

班级		被评组名		日期			
评价指标	评价要素				分数	自评分数	互评分数
信息检索	该组能否有效利用网络资源、工作手册查找有效信息				5		
	该组能否用自己的语言有条理地去解释、表述所学知识				5		
	该组能否对查找到的信息有效转换到工作中				5		
感知工作	该组能否熟悉自己的工作岗位，认同工作价值				5		
	该组成员在工作中，是否获得满足感				5		
参与状态	该组与教师、同学之间是否相互尊重、理解、平等				5		
	该组与教师、同学之间是否能够保持多向、丰富、适宜的信息交流				5		
	该组能否处理好合作学习和独立思考的关系，做到有效学习				5		
	该组能否提出有意义的问题或能发表个人见解；能按要求正确操作；能够倾听、协作分享				5		
	该组能否积极参与，在产品加工过程中不断学习，综合运用信息技术的能力提高很大				5		
学习方法	该组的工作计划、操作技能是否符合规范要求				5		
	该组是否获得了进一步发展的能力				5		

评价指标	评价要素	分数	自评分数	互评分数
工作过程	该组是否遵守管理规程,操作过程符合现场管理要求	5		
	该组平时上课的出勤情况和每天完成工作任务情况	5		
	该组成员是否能加工出合格工件,并善于多角度思考问题,能主动发现、提出有价值的问题	15		
思维状态	该组是否能发现问题、提出问题、分析问题、解决问题、创新问题	5		
自评反馈	该组能严肃认真地对待自评,并能独立完成自测试题	10		
总分数		100		
简要评述				

教师总评:教师按照评分标准对各小组进行任务工作过程总评,完成表2-36。

总　评　表2-36

班级			组名		姓名	
出勤情况						
一	信息	口述或书面梳理工作任务要点	1. 表述仪态自然、吐字清晰	15	表述仪态不自然或吐字模糊扣5分	
			2. 工作页表述思路清晰、层次分明、准确		表述思路模糊或层次不清扣5分,分工不明扣5分	
二	计划	绘制电气原理图并拟订物料清单	1. 图样关键点准确	15	表述思路或层次不清扣5分	
			2. 制订计划及清单清晰合理		计划及清单不合理扣5分	
	决策	绘制电气接线图并制订工艺计划	1. 接线图准确无误 2. 制订合理工艺	20	一处计划不合理扣2分,扣完为止	
三	实施	安装准备	1. 工具、元器件、辅材准备	2	每漏一项扣1分	
		电气安装	2. 正确选择电气元件、工具及辅材	3	选择错误扣1分,扣完为止	
			3. 正确实施计划无失误(依据零件评分表)	15		
		现场	4. 在工作过程中保持6S、设备、工具、量具、刀具、工位现场恢复整理	10	每出现一项扣1分,扣完此项配分为止	
四	控制		正确读取和测量加工数据并正确分析测量结果	10	能自我正确检测工件并分析原因,错一项扣1分,扣完为止	
五	评价	工作过程评价	1. 依据自评分数	5		
			2. 依据互评分数	5		
六		合计		100		

复习提高

1. 自动往返控制电路一般通过( )来控制电动机正反转运行。

   A. 速度继电器   B. 行程开关

   C. 按钮   D. 热继电器

2. 工厂车间的行车需要位置控制,行车两头的终点处各安装一个位置开关,两个位置开关要分别( )在电动机的正转和反转控制电路中。

   A. 短接   B. 混联   C. 并联   D. 串联

3. 常用的绝缘材料包括:气体绝缘材料、( )和固体绝缘材料。

   A. 木头   B. 玻璃

   C. 胶木   D. 液体绝缘材料

4. 电力系统负载大部分是感性负载,要提高电力系统的功率因素常采用( )的方式。

   A. 串联电容   B. 并联电容

   C. 串联电感   D. 并联电感

5. 起重机的升降控制线路属于( )控制电路。

   A. 点动   B. 自锁   C. 正反转   D. 顺序

6. 异步电动机不希望空载或者轻载的主要原因是( )。

   A. 功率因素低   B. 定子电流较大

   C. 转速太高有危险   D. 转子电流较大

7. 晶体管时间继电器与气囊式时间继电器相比,寿命长短、调节性能和耐冲击性等三项性能( )。

   A. 较差   B. 较良

   C. 较优   D. 因使用场合不同而异

8. 在电路参数测量过程中,电压是( ),不随参考点改变而改变。

   A. 衡量   B. 变量

   C. 绝对量   D. 相对量

9. 通电延时时间继电器的延时触点动作情况是( )。

   A. 线圈通电时触点延时动作,断电时触点瞬时动作

   B. 线圈通电时触点瞬时动作,断电时触点延时动作

   C. 线圈通电时触点不动作,断电时触点瞬时动作

   D. 线圈通电时触点不动作,断电时触点延时动作

10. 断路器相对于熔断器有什么优势?断路器除了手动脱扣,还有哪两个脱扣机构?

学习情境2-5 锅炉引风机电机星三角(Y-△)降压启动电气控制系统设计与安装

 **学习目标**

知识目标：

1. 了解常用电工工具的使用规范；
2. 掌握三相异步电动机降压启动控制原理；
3. 掌握三相异步电动机顺序控制原理；
4. 能够熟悉时间继电器的工作原理和使用方法；
5. 掌握电气原理图和电气元件布置图和接线图的绘制方法；
6. 掌握电路检测和工作过程评价的方法。

能力目标：

1. 能够接受工作任务，合理收集专业知识信息；
2. 能够进行小组合作，制订小组工作计划；
3. 能够识读并分析典型三相异步电动机降压启动电气原理图并进行Y-△降压启动电气控制系统的改进设计；
4. 能够根据三相异步电动机Y-△降压启动电气原理图拟订物料清单；
5. 能够根据三相异步电动机Y-△降压启动电气控制电气原理图绘制电气接线图；
6. 能够根据三相异步电动机Y-△降压启动电气控制电气接线图进行电气系统接线、安装与调试；
7. 能够自主学习，与同伴进行技术交流，处理工作过程中的矛盾与冲突；
8. 能够进行学习成果展示和汇报。

素养目标：

能够考虑安全与环保因素，遵守工位5S与安全规范。

 **知识模块**

1 全压启动

全压启动也称直接启动，是最常用的启动方式，它是将电动机的定子绕组直接接入电源，在额定电压下启动，具有启动转矩大、启动时间短的特点，也是最简单、最经济和最可靠的启动方式。全压启动时电流大，而启动转矩不大。操作方便，启动迅速。

一般电动机小于10kW的可以直接启动，对于专用变压器的电动机也可以全压启动，对于要求启动时间、启动转矩的电动机要全压启动。全压启动，即直接启动，即在额定电压下启动。这种方法的启动电流很大，可达到额定电流的4～7倍。根据规定，单台电动机的启动功率不宜超过配电变压器容量的30%。直接启动有一定缺点，绕组发热，绝缘提前老化，降低使用寿命;突然受力过大,绕组松动或者变形,对自身的其他机械损伤等。

2 降压启动

电动机启动电流近似与定子的电压成正比,因此要采用降低定子电压的办法来限制启动电流,即为降压启动又称减压启动。对于因直接启动冲击电流过大而无法承受的场合,通常采用降压启动,此时,启动转矩下降,启动电流也下降,只适合必须减小启动电流,又对启动转矩要求不高的场合。三相异步电动机在启动时,其启动电流一般为额定电流的6~7倍。对于功率小于7.5kW 的小型异步电动机,可采用直接启动的方式,但当异步电动机功率超过7.5kW 时,则应考虑对其启动电流进行限制,否则会影响电网的供电质量。常用的启动电流限制方法是降压启动法,用于降压启动的控制线路称为交流电动机的降压启动控制线路。常见降压启动方法有:转子串电阻降压启动、电抗降压启动、Y-△起动控制线路、延边三角启动、软启动及自耦变压器降压启动。

2.1 基于时间继电器的Y-△降压启动

Y-△降压启动是指电动机启动时,把定子绕组接成Y连接,以降低启动电压,限制启动电流。待电动机启动后,再把定子绕组改接成△连接,使电动机全压运行。由于功率在 7.5kW 以上的电动机其绕组均采用△连接,因此均可采用Y-△降压启动的方法来限制启动电流。基于时间继电器的Y-△降压启动控制线路如图 2-18 所示。

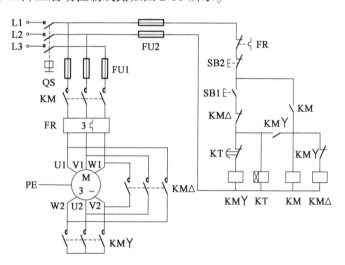

图 2-18 基于时间继电器的Y-△降压启动电气原理图

2.1.1 电路结构及主要电气元件作用

由图 2-18 可知,该控制线路的主电路由接触器 KM、KM Y、KM△主触头、热继电器 FR 热元件和电动机 M 组成。其中,接触器 KM、KM Y、KM△主触头为电动机 M 定子绕组Y形连接及△形连接转换触头。当接触器 KM、KM Y主触头闭合时,电动机 M 定子绕组Y形连接降压启动。当接触器 KM、KM△主触头闭合时,电动机 M 定子绕组△形连接全压运行。控制电路由热继电器 FR 热元件、停止按钮 SB2、启动按钮 SB1、接触器 KM、KM Y、KM△线圈及其辅助动合、动断触点、时间继电器KT线圈及其延时闭合动合触点组成。

2.1.2 工作原理

该控制线路工作原理如下:

(1)合上电源开关QS。

(2)单向启动。

按下SB1→KM Y线圈得电—KM Y主触头闭合/KM Y联锁触头分断对KM△联锁/KM Y辅助动合触头闭合→KM自锁触头闭合并自锁/KM主触头闭合→电动机M定子绕组Y形连接并降压启动→KT线圈得电,开始计时,至转速上上升到→定值时,KT计时结束→KT延时闭合动断触头断开→KM Y线圈得电→KM Y主触头分断,解除Y形连接/KM Y联锁触头恢复闭合/KM Y辅助动合触头分断→KM△线圈得电→KM△主触头闭合/KM△联锁触头分断对KM Y和KT联锁→电动机M定子绕组△形连接并全压运行。

(3)停止:按下停止按钮SB2→控制电路失电→KM、KM△触头系统复位→M失电停转。

(4)停止使用时,断开电源开关QS。

值得注意的是,笼型异步电动机采用Y-△降压启动时,定子绕组启动时电压降至额定电压的$1/\sqrt{3}$,启动电流降至全压启动的1/3,从而限制了启动电流,但由于启动转矩也随之降至全压启动的1/3,故仅适用于空载或轻载启动。与其他降压启动方法相比,Y-△降压启动投资少,线路简单、操作方便,在机床电动机控制中应用较普遍。

2.2 基于自耦变压器的降压启动

自耦变压器降压启动也称为串电感降压启动,它是利用串接在电动机M绕组回路中的自耦变压器降低加在电动机绕组上的启动电压,待电动机启动后,再将电动机与自耦变压器脱离,电动机即可在全压下运行。实际应用时,常用的自耦变压器降压启动方法是采用成品补偿降压启动器,补偿降压启动器包括手动操作和自动操作两种形式。手动操作的补偿器有QJ3、QJ5、QJ10等型号,其中QJ10型手动补偿器用于控制10~75kW八种容量电动机的启动;自动操作的补偿器有XJ01型和CTZ型等,其中XJ01型补偿器适用于14~28kW电动机。

图2-19是交流电动机自耦降压启动自动切换控制接线图,自动切换靠时间继电器完成,用时间继电器切换能可靠地完成由启动到运行的转换过程,不会造成启动时间长短不一的情况,也不会因启动时间长造成烧毁自耦变压器事故。

2.2.1 电路结构及主要电气元件作用

由图2-19可知,该控制线路的主电路由接触器KM1主触头、接触器KM2主触头及其辅助动断触点、热继电器FR热元件、自耦变压器TM和电动机M组成。实际应用时,当接触器KM1主触头闭合时,电动机M定子绕组串接自耦变压器TM降压启动;当接触器KM2主触头闭合时,电动机M全压运行。控制电路由热继电器FR动断触点、停止按钮SB12、SB22、启动按钮SB11、SB21、接触器KM1、KM2线圈及其辅助动合、动断触点、时间继电器KT及其延时闭合动合触点、中间继电器KA及其动合触点和信号指示电路组成。实际应用时,按钮SB12、SB22为两地控制停止按钮,SB11、SB21为两地控制启动按钮。时间继电器KT、中间继电器KA实现电动机M串接自耦变压器启动时间控制功能。

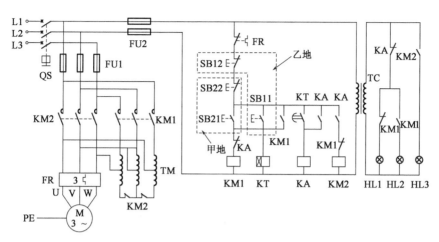

图 2-19 基于自耦变压器的降压启动电气原理图

2.2.2 工作原理

该控制线路工作原理如下：

（1）合上电源开关 QS。

（2）单向启动。

按下 SB11 或 SB21—KM1 线圈得电—KM1 主触头闭合/KM1 联锁触头分断对 KM2 联锁/KM1 自锁触头闭合自锁—电动机 M 串接自耦变压器并降压启动—KT 线圈得电，开始计时，至转速上上升到一定值时，KT 计时结束—KT 延时闭合动合触头闭合—KA 线圈得电—KA 动断触头分断/KA 自锁触头闭合并自锁—KM1 线圈失电—KM1 触头系统复位—电动机 M 解除降压启动连接—KA 线圈得电—KA 动合触头闭合—KM2 线圈得电—KM2 主触头闭合/KM2 辅助动断触头分断—电动机 M 全压运行。

（3）停止。

按下停止按钮 SB12 或 SB22—控制电路失电—KM2 触头系统复位—电动机 M 失电停转。

（4）停止使用时，断开电源开关 QS。

2.3 定子绕组串联电阻降压启动

基于时间继电器的定子绕组串接电阻降压启动控制线路如图 2-20 所示。电动机启动时在定子绕组中串接电阻，使定子绕组电压降低，从而限制了启动电流。待电动机转速接近额定转速时，再将串接电阻短接，使电动机在额定电压下正常运行。

绕线式三相异步电动机，转子绕组通过滑环与电阻连接。外部串接电阻相当于转子绕组的内阻增加了，所以会减小转子绕组的感应电流。电动机和变压器的原理是一样的，定子绕组相当于变压器一次绕组，转子绕组相当于变压器二次绕组，二次绕组串电阻减少了电流，一次定子绕组就相应减小了电流。根据电动机的特性，转子串接电阻会降低电动机的转速，提高转动力矩，有更好的启动性能。在这种启动方式中，由于电阻是常数，将启动电阻分为几级，在启动过程中逐级切除，可以获取较平滑的启动过程。

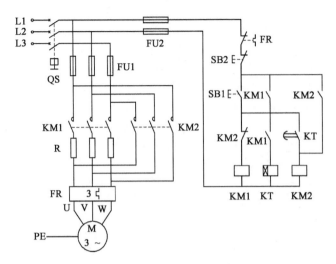

图 2-20　基于时间继电器的定子绕组串联电阻降压启动电气原理图

2.3.1　电路结构及主要电气元件作用

由图 2-20 可知,该控制线路的主电路由接触器 KM1、KM2 主触头、电阻器 R、热继电器 FR 热元件和电动机 M 组成。实际应用时,接触器 KM1 主触头控制电动机 M 工作电源的接通和断开,电阻器 R 为电动机 M 降压启动电阻器,接触器 KM2 主触头为启动电阻 R 短路接触器,其作用是当电动机 M 启动后转速升高至一定值时,接触器 KM2 的主触头闭合,接通电动机 M 三相全压电源,电动机 M 全压运行。

控制电路由热继电器 FR 动断触点、停止按钮 SB2、启动按钮 SB1、接触器 KM1、KM2 线圈及其辅助动合、动断触点和时间继电器 KT 线圈及其延时触头组成。实际应用时,采用了时间继电器 KT,故可以较准确地控制电动机 M 串接电阻降压启动的启动时间。

2.3.2　工作原理

该控制线路工作原理如下:

(1)合上电源开关 QS。

(2)降压启动。

按下 SB1—KM1 线圈得电—KM1 主触头闭合/KM1 自锁触头闭合并自锁/KM1 辅助动合触头闭合—电动机 M 串接电阻降压启动—KT 线圈得电,开始计时,至转速上上升到一定值时,KT 计时结束—KT 延时闭合动合触头闭合。

KM2 线圈得电—KM2 主触头闭合/KM2 自锁触头闭合并自锁/KM2 辅助动断触头分断—KM1、KT 线圈先后失电,其触头复位。

(3)停止。

按下停止按钮 SB2 —控制电路失电—KM2 触头系统复位—M 失电停转。

(4)停止使用时,断开电源开关 QS。

值得注意的是,该启动方法中的启动电阻一般采用由电阻丝绕制的板式电阻或铸铁电阻,具有电阻功率大、通流能力强等优点,串接电阻降压启动的缺点是减小了电动机的启动转矩,同时启动时在电阻上功率消耗也较大,如果启动频繁,则电阻的温度很高,对于精密的机床会产生一定的影响,故目前这种启动方法在生产实际中的应用正在逐步减少。

综上所述:要想获得更加平稳的启动特性,必须增加启动级数,这就会使设备复杂化。所以,只适合于重载启动、价格昂贵、结构复杂的绕线式三相异步电动机,在启动控制、速度控制要求高的各种升降机、输送机、行车等行业使用。

3 顺序控制

在装有多台电动机的生产机械上,各电动机所起的作用是不同的,有时需按一定的顺序启动或停止,才能保证操作过程的合理和工作的安全可靠,这就是顺序控制。顺序控制可以通过控制电路实现,也可通过主电路实现。

3.1 基于接触器的主电路顺序控制

在装有多台电动机的生产机械上,各电动机所起的作用是不同的,有时需按一定的顺序启动或停止,才能保证操作过程的合理和工作的安全可靠。例如:X62W 型万能机床上要求主轴电动机启动后,进给电动机才能启动。目前,应用于机床领域的顺序控制线路主要有主电路顺序控制线路和控制电路顺序控制线路两类。基于接触器的主电路顺序控制线路,如图 2-21 所示。

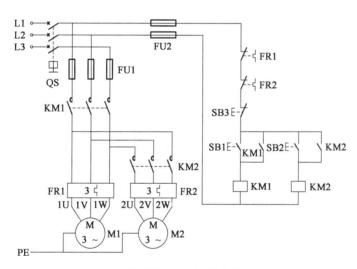

图 2-21 基于接触器的主电路顺序控制电气原理图

3.1.1 电路结构及主要电气元件作用

由图 2-21 可知,该控制线路主电路由接触器 KM1、KM2 主触头、热继电器 FR1、FR2 热元件和电动机 M1、M2 组成。实际工作时,电动机 M1、M2 工作状态分别由接触器 KM1、KM2 主触头进行控制,且接触器 KM2 主触头工作状态由接触器 KM1 主触头进行控制,即只有当接触器 KM1 主触头闭合、电动机 M1 启动运转时,接触器 KM2 主触头才能闭合,电动机 M2 得电启动运转,从而实现主电路顺序控制。控制电路由热继电器 FR1、FR2 动断触点、停止按钮 SB3、电动机 M1 启动按钮 SB1、电动机 M2 启动按钮 SB2 和接触器 KM1、KM2 线圈及其辅助动合触点(自锁触头)组成。

3.1.2 工作原理

该控制线路工作原理如下：

（1）合上电源开关 QS。

（2）M1、M2 顺序启动。

按下 SB1—KM1 线圈得电—KM1 主触头闭合/KM1 自锁触头闭合自锁—电动机 M 启动连续运转。

再按下 SB2—KM2 线圈得电—KM2 主触头闭合/KM2 自锁触头闭合自锁—电动机 M2 启动连续运转。

（3）M1、M2 同时停止。

按下停止按钮 SB3—控制电路失电—KM1、KM2 触头系统复位—M1、M2 失电停转。

（4）停止使用时，断开电源开关 QS。

3.2 基于接触器的控制电路顺序控制

图 2-22 所示为两台电动机通过控制电路实现顺序启动控制电气原理图。启动时，必须先按下 SB1，KM1 才能得电而启动运行，同时 KM1 串联在线圈回路中的常开触点闭合（辅助触点实现自锁），为 KM2 线圈得电做准备。当 M1 运行后，按下 SB2，KM2 得电，其主触点闭合（辅助触点实现自锁），M2 启动运行。

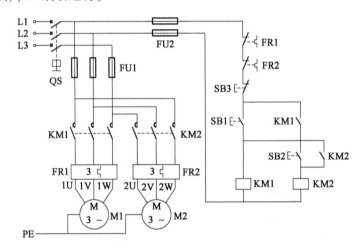

图 2-22 基于接触器的控制电路顺序控制电气原理图

3.2.1 电路结构及主要电气元件作用

由图 2-22 可知，该控制线路主电路与图 2-21 所示主电路相比较，接触器 KM1、KM2 不存在顺序控制功能，电动机 M1、M2 均属于独立的单向运行单元电路。控制电路由热继电器 FR1、FR2 动断触点、停止按钮 SB3、电动机 M1 启动按钮 SB1、电动机 M2 启动按钮 SB2 和接触器 KM1、KM2 线圈及其辅助动合触点（自锁触头）组成。该控制线路的特点：电动机 M2 的控制电路先与接触器 KM1 的线圈并联后再与 KM1 的自锁触头串联，这样就保证了 M1 启动后 M2 才能启动的顺序控制要求。

3.2.2 工作原理

（1）合上电源开关 QS。

（2）M1、M2 顺序启动。

按下 SB1—KM1 线圈得电—KM1 主触头闭合/KM1 自锁触头闭合自锁—电动机 M1 启动连续运转。

再按下 SB2—KM2 线圈得电—KM2 主触头闭合/KM2 自锁触头闭合自锁—电动机 M2 启动连续运转。

（3）M1、M2 同时停止。

按下停止按钮 SB3—控制电路失电—KM1、KM2 触头系统复位—M1、M2 失电停转。

（4）停止使用时，断开电源开关 QS。

3.3 基于接触器的顺序启动逆序停止控制

3.3.1 电路结构及主要电气元件作用

由图 2-23 可知，该控制线路主电路接触器 KM1、KM2 不存在顺序控制功能，电动机 M1、M2 均属于独立的单向运行单元电路。控制电路由热继电器 FR1、FR2 动断触点、电动机 M1 启动按钮 SB11、电动机 M2 启动按钮 SB21、电动机 M1 停止按钮 SB12、电动机 M2 停止按钮 SB22 和接触器 KM1、KM2 线圈及其辅助动合触点（自锁触头）组成。该控制线路的特点：电动机 M2 的控制电路先与接触器 KM1 的线圈并联后再与 KM1 的自锁触头串联，这样就保证了 M1 启动后 M2 才能启动的顺序控制要求。

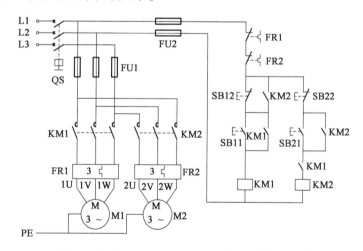

图 2-23 两台电动机顺序启动逆序停止控制电气原理图

3.3.2 工作原理

（1）合上电源开关 QS。

（2）M1、M2 顺序启动。

按下 SB11—KM1 线圈得电—KM1 主触头闭合/KM1 自锁触头闭合自锁/KM1 联锁触头闭合—电动机 M1 启动连续运转。

再按下 SB21—KM2 线圈得电—KM2 主触头闭合/KM2 自锁触头闭合自锁—电动机 M2 启动连续运转。

(3) M1、M2 逆序停止。

按下 M2 停止按钮 SB22—KM2 线圈失电—KM2 主辅触头系统断开—M2 失电停转。

按下 M1 停止按钮 SB12—KM1 线圈失电—KM1 主辅触头系统断开—M1 失电停转。

(4) 停止使用时,断开电源开关 QS。

 学习情境

1 信息(创设情境、提供资讯)

重庆某公司锻压车间有 3 台锅炉引风机电机,要求引风机电机采用 Y-△降压启动,Y-△降压启动时间为 15s,现需要设计一套 Y-△降压启动的电气控制系统,并进行安装调试。

接受任务后,查阅相关资料,设计电气控制原理图和布线图,并完成控制系统安装。

独立工作:搜集三相异步电动机及其控制电路方面信息,完成以下任务。

(1) 查阅资料,阐述什么是降压启动?什么情况下采用降压启动?

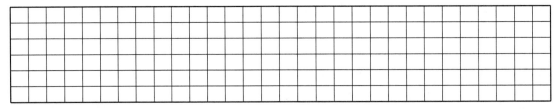

(2) 查阅资料,阐述电气控制中常见降压启动有哪几种?并画出至少一种非 Y-△降压启动的电气控制原理图。

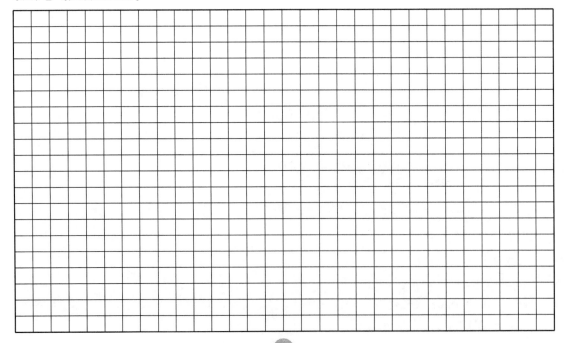

（3）在下方区域写出此电气控制系统中需要用到的保护环节,并说明采用什么电器元件?

2 计划(分析任务、制订计划)

个人/小组工作:根据降压启动工作原理并结合三相异步电动机Y-△降压启动控制原理图完成下列任务。

（1）拟订电气元件及功能说明表,完成表2-37。

电气元件及功能说明   表2-37

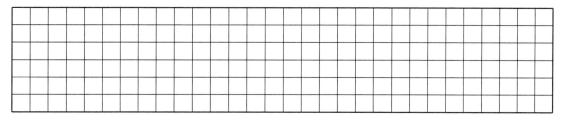

符　号	名称及用途	符　号	名称及用途

（2）对基于时间继电器的Y-△降压启动进行改进和优化,设计并绘制电气控制原理图。

（3）根据培训中心现场情况，列出基于时间继电器的Y-△降压启动控制电路所需元器件及材料清单，完成表2-38。

清 单 表2-38

序号	名　　称	符　　号	型　　号	数　　量	规　　格
1					
2					
3					
4					
5					
6					
7					
8					

（4）列出三相异步电动机Y-△降压启动电气控制电路实现所需工具、辅具及耗材清单，完成表2-39。

清 单 表2-39

序号	名　　称	型　　号	规　　格	数　　量	备　　注
1					
2					
3					
4					
5					
6					
7					
8					
9					
10					
11					

3　决策（集思广益、作出决定）

个人/小组工作：根据基于时间继电器的Y-△降压启动进行改进和优化设计的电气控制原理图完成下列任务。

（1）绘制三相异步电动机Y-△降压启动的电气控制接线图。

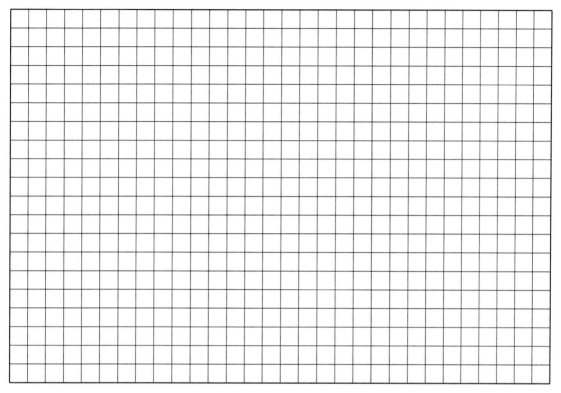

（2）制订三相异步电动机Y-△降压启动的电气控制系统安装项目小组工作计划表，确认成员分工及计划时间，完成表2-40。

成员分工及计划时间　　　　　　　　　　表2-40

序号	工 作 计 划	职 责	人 员	计 划 工 时	备 注
1					
2					
3					
4					
5					
6					
7					
8					

4　实施（分工合作、沟通交流）

小组工作：按工作计划实施三相异步电动机Y-△降压启动的电气控制电路安装与调试，完成表2-41。

电路安装与调试 表 2-41

序号	行 动 步 骤	实 施 人 员	实 际 用 时	计 划 工 时
1				
2				
3				
4				
5				
6				
7				
8				

独立工作:选用万用表对电气系统进行短路检查。在表 2-42 中记录常规检查的要点和结果。

检查关键点和结果 表 2-42

步骤	检 查 关 键 点	测 量 方 式	结 果 处 理
1			
2			
3			
4			
5			
6			
7			
8			

5 控制(查漏补缺、质量检测)

个人/小组工作:明确检测要素与整改措施,完成表 2-43。

检测要素与整改措施 表 2-43

序号	检 测 要 素	技 术 标 准	是 否 完 成	整 改 措 施
1				
2				
3				
4				
5				
6				

小组工作:检查各小组的工作过程实施情况,完成表 2-44。

工作过程实施情况　　　　　　　　　　　　　　　　　　　　表2-44

检查项目	检查结果			需完善点	其　他
	个人检查	小组检查	教师检查		
工时执行					
5S 执行					
质量成果					
学习投入					
获取知识					
技能水平					
安全、环保					
设备使用					
突发事件					

6　评价(总结过程、任务评估)

小组工作:将自己的总结向别的同学介绍,描述收获、问题和改进措施。在一些工作完成不尽意的地方,征求意见。

(1)收获。

(2)问题。

(3)别人给自己的意见。

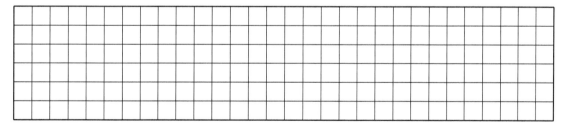

（4）改进措施。

自评和互评：小组之间按照评分标准进行工作过程自评和互评，完成表2-45。

自 评 和 互 评　　　　表2-45

班级		被评组名		日期		
评价指标	评价要素				分数	自评分数	互评分数
信息检索	该组能否有效利用网络资源、工作手册查找有效信息				5		
	该组能否用自己的语言有条理地去解释、表述所学知识				5		
	该组能否对查找到的信息有效转换到工作中				5		
感知工作	该组能否熟悉自己的工作岗位，认同工作价值				5		
	该组成员在工作中，是否获得满足感				5		
参与状态	该组与教师、同学之间是否相互尊重、理解、平等				5		
	该组与教师、同学之间是否能够保持多向、丰富、适宜的信息交流				5		
	该组能否处理好合作学习和独立思考的关系，做到有效学习				5		
	该组能否提出有意义的问题或能发表个人见解；能按要求正确操作；能够倾听、协作分享				5		
	该组能否积极参与，在产品加工过程中不断学习，综合运用信息技术的能力提高很大				5		
学习方法	该组的工作计划、操作技能是否符合规范要求				5		
	该组是否获得了进一步发展的能力				5		
工作过程	该组是否遵守管理规程，操作过程符合现场管理要求				5		
	该组平时上课的出勤情况和每天完成工作任务情况				5		
	该组成员是否能加工出合格工件，并善于多角度思考问题，能主动发现、提出有价值的问题				15		
思维状态	该组是否能发现问题、提出问题、分析问题、解决问题、创新问题				5		
自评反馈	该组能严肃认真地对待自评，并能独立完成自测试题				10		
总分数					100		
简要评述							

教师总评:教师按照评分标准对各小组进行任务工作过程总评,完成表2-46。

总　　评　　　　　　　　　　　　　表2-46

班级				组名		姓名	
出勤情况							
一	信息	口述或书面梳理工作任务要点	1.表述仪态自然、吐字清晰		15	表述仪态不自然或吐字模糊扣5分	
			2.工作页表述思路清晰、层次分明、准确			表述思路模糊或层次不清扣5分,分工不明确扣5分	
二	计划	绘制电气原理图并拟订物料清单	1.图样关键点准确		15	表述思路或层次不清扣5分	
			2.制订计划及清单清晰合理			计划及清单不合理扣5分	
	决策	绘制电气接线图并制订工艺计划	1.接线图准确无误 2.制订合理工艺		20	一处计划不合理扣2分,扣完为止	
三	实施	安装准备	1.工具、元器件、辅材准备		2	每漏一项扣1分	
		电气安装	2.正确选择电气元件、工具及辅材		3	选择错误扣1分,扣完为止	
			3.正确实施计划无失误(依据零件评分表)		15		
		现场	4.在工作过程中保持6S、设备、工具、量具、刀具、工位现场恢复整理		10	每出现一项扣1分,扣完此项配分为止	
四	控制		1.正确读取和测量加工数据并正确分析测量结果		10	能自我正确检测工件并分析原因,错一项,扣1分,扣完为止	
五	评价	工作过程评价	1.依据自评分数		5		
			2.依据互评分数		5		
六			合计		100		

复习提高

1.三相对称负载做三角形连接时,相电流为10A,线电流最接近的值是(　　)A。

A. 14　　　　　　B. 17　　　　　　C. 7　　　　　　D. 20

2.一台电动机绕组是星形连接,接到线电压为380V的三相电源上,测得线电流为10A,则电动机每相绕组的阻抗为(　　)Ω。

A. 38　　　　　　B. 22　　　　　　C. 66　　　　　　D. 11

3.绕线式三相异步电动机,转子串联电阻启动时(　　)。

A. 启动转矩增大,启动电流增大　　　　B. 启动转矩减小,启动电流增大

C. 启动转矩增大,启动电流不变　　　　D. 启动转矩增大,启动电流减小

4.异步电动机的常见电气制动方法有反接制动、回馈制动和(　　)。

A. 能耗制动　　　　　　　　　　　B. 抱闸制动

C. 液压制动　　　　　　　　　　　　D. 自然停车

5. 采用降压启动的最主要的目的是(　　　)。

　　A. 减小启动转矩　　　　　　　　　B. 减小启动电流

　　C. 减小启动电压　　　　　　　　　D. 减小启动转速

6. 三相对称负载接成三角形时,若某相电流为1A,则三相电流的矢量和为(　　　)A。

　　A. 3　　　　　　　B. 2　　　　　　　C. 1　　　　　　　D. 0

7. 在三相四线制中性点接地供电系统中,线电压是指(　　　)的电压。

　　A. 相线之间　　　　　　　　　　　B. 中性线对地之间

　　C. 相线对零线之间　　　　　　　　D. 相线对地之间

8. 当异步电动机采用Y-△降压启动时,每相定子绕组承受的电压是三角形接法全压启动时的(　　　)倍。

　　A. 2　　　　　　　　　　　　　　　B. 3

　　C. 1/√3　　　　　　　　　　　　　D. 1/3

学习情境 2-6　　B2012A 型龙门刨床工作台控制系统设计与规划

 学习目标

知识目标:

1. 了解常用电工工具的使用规范;

2. 掌握直流电动机正反转控制原理;

3. 掌握直流电动机调速控制原理;

4. 掌握电机扩大机的工作原理;

5. 掌握行程控制原理;

6. 掌握电气原理图和电气元件布置图、接线图的绘制方法;

7. 掌握电路检测和工作过程评价的方法。

能力目标:

1. 能够接受工作任务,合理收集专业知识信息;

2. 能够进行小组合作,制订小组工作计划;

3. 能够识读并分析直流电动机带调速功能的正反转电气原理图并进行基于行程开关的自动往返控制系统的改进设计;

4. 能够根据基于行程开关的自动往返控制电气原理图拟订物料清单;

5. 能够根据基于行程开关的自动往返控制电气原理图绘制电气接线图。

素养目标:

能够考虑安全与环保因素,遵守工位5S与安全规范。

1 直流电动机启动控制

直流电动机电枢绕组阻值较小,直接启动会产生很大的冲击电流,一般可达额定电流的 10～20 倍,故不能直接启动。实际应用时,常在电枢绕组中串联电阻启动,待电动机转速达到一定值时,切除串联电阻全压运行。基于时间继电器的并励直流电动机串电阻启动控制线路如图 2-24 所示。

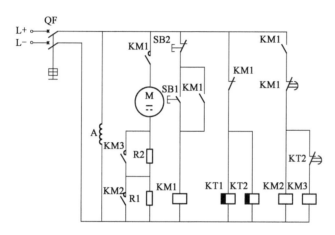

图 2-24 基于时间继电器的并励直流电动机串电阻启动控制

1.1 电路结构及主要电气元件作用

图 2-24 中,组合开关 QF 为机床电源开关,电阻 R1、R2 为并励直流电动机电枢串接启动电阻,时间继电器 KT1、KT2 用以设置电阻 R1、R2 在并励直流电动机启动时串接在电枢绕组中的时间,且时间继电器 KT1 的时间常数比时间继电器 KT2 的时间常数设置要短,按钮 SB1 为并励直流电动机 M 启动按钮,按钮 SB2 为并励直流电动机 M 停止按钮。

1.2 工作原理

(1)启动控制。合上断路器 QF,此时励磁绕组 A 得电励磁,时间继电器 KT1、KT2 线圈得电,使 KT1、KT2 延时闭合动断触头瞬时断开,接触器 KM2、KM3 线圈处于断电状态,以保证电阻 R1、R2 全部串入电枢回路启动。

按下启动按钮 SB1,KM1 线圈得电,使 KM1 辅助动合触头闭合,为 KM2、KM3 线圈得电作准备,KM1 主触头闭合,电动机 M 串接 R1 和 R2 启动,KM1 自锁触头闭合,KM1 线圈自锁,KM1 辅助动断触头分断,使 KT1、KT2 线圈失电,经 KT1 整定时间(KT1 整定时间小于 KT2 整定时间),KT1 延时闭合动断触头恢复闭合,使 KM2 线圈得电,KM2 主触头闭合短接 R1,电动机 M 串接 R2 继续启动,经 KT2 整定时间,KT2 延时闭合动断触头恢复闭合,KM3 线圈得电,KM3 主触头闭合,短接电阻 R2,电动机 M 启动结束进入全压运转状态。

(2)停止控制。按下停止按钮 SB2,KM1 线圈失电,KM1、KM2、KM3 触头系统复位,M 失电停转。

(3)停止使用时,断开电源开关 QF。该控制线路电路简单,安装后一般不用调试即可通电工作。通电试车时,应认真检查励磁回路的接线,必须保证连接可靠,以防止电动机运行时出现因励磁回路断路失磁引起的"飞车"事故。

(4)具有失磁保护的并励直流电动机串电阻启动控制线路。基于时间继电器的具有励磁绕组的失磁保护的并励直流电动机串电阻启动控制线路如图 2-25 所示。其中, KA1 为欠电流继电器,作为励磁绕组的失磁保护,以免励磁绕组因断线或接触不良引起"飞车"事故, KA2 为过电流继电器,对电动机进行过载和短路保护;电阻 R 为电动机停转时励磁绕组的放电电阻;V 为续流二极管,使励磁绕组正常工作时电阻 R 上没有电流流入。

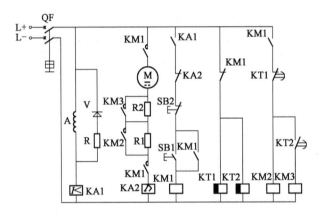

图 2-25　具有励磁绕组的失磁保护的并励直流电动机串电阻启动控制

1.3　基于接触器的串励直流电动机串电阻启动控制线路

基于接触器的串励直流电动机串电阻启动控制线路如图 2-26 所示。该线路常用于要求有大的启动转矩、负载变化时转速允许变化的恒功率负载的领域,如起重机、电力机车等。

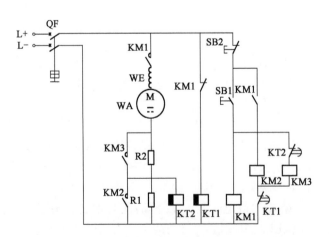

图 2-26　基于接触器的串励直流电动机串电阻启动控制

1.3.1　电路结构及主要电气元件作用

由图 2-26 可知,该控制线路由主电路和控制电路组成。

主电路:由串励直流电动机 M 电枢绕组 WA、励磁绕组 WE、接触器 KM1～KM3 主触头、启动电阻器 R1、R2 组成。

控制电路:由接触器 KM1～KM3 线圈及其辅助触头系统、时间继电器 KT1、KT2 线圈及其触头系统、启动按钮 SB1 和停止按钮 SB2 组成。其中,KT1 和 KT2 选用断电延时型继电器,用以设置电阻 R1、R2 在并励直流电动机启动时串接在电枢绕组中的时间,且 KT1 的时间常数比 KT2 的时间常数设置要短。

1.3.2　工作原理

当需要串励直流电动机 M 启动运转时,合上组合开关 QS,时间继电器 KT1 得电吸合,其瞬时断开延时闭合动断触点断开,为断电延时作准备。按下串励直流电动机 M 启动按钮 SB1,接触器 KM1 通电闭合并自锁,其主触发闭合接通串励直流电动机 M 电源,M 串电阻器 R1、R2 限流启动。同时,KM1 的动断触点断开,切断时间继电器 KT1 线圈电源,KT1 失电释放。此时,与电阻器 R1 并接的时间继电器 KT2 线圈通电闭合,其瞬时断开延时闭合动断触点断开。经过整定时间,时间继电器 KT1 的断电延时闭合触头闭合,接触器 KM2 通电吸合,其主触头闭合短接启动电阻器 R1,此时串励直流电动机 M 电枢绕组和励磁绕组中电流增大,启动速度加快。又经过一定时间,时间继电器 KT2 的断电延时闭合触头闭合,接触器 KM3 得电吸合,其主触头短接启动电阻器 R2,串励直流电动机全压运行,从而实现降压启动控制过程。

该控制线路具有启动转矩大、启动性能好、过载能力较强等特点。值得注意的是,串励直流电动机试车时,必须带 20%～30% 的额定负载,严禁空载或轻载启动运行,且串励直流电动机和拖动的生产机械之间不能用带传动,以防止带断裂或滑脱引起电动机"飞车"事故。

2　直流电动机正反转控制

并励直流电动机正、反转控制主要是依靠改变通入直流电动机电枢绕组或励磁绕组电源的方向来改变直流电动机的旋转方向。因此,改变直流电动机转向的方法有电枢绕组反接法和励磁绕组反接法两种。在实际应用中,并励直流电动机的反转常采用电枢绕组反接法来实现。这是因为并励直流电动机励磁绕组的匝数多、电感大,当从电源上断开励磁绕组时,会产生较大的自感电动势,易产生电弧烧坏触头,而且也容易把励磁绕组的绝缘击穿。同时励磁绕组在断开时,由于失磁造成很大电枢电流,易引起"飞车"事故。基于时间继电器的并励直流电动机正、反转控制线路如图 2-27 所示。

2.1　电路结构及主要电气元件作用

由图 2-27 可知,该控制线路通过改变并励直流电动机 M 电枢绕组中的电流方向实现并励直流电动机旋转方向控制。其中,SB1 为并励直流电动机 M 正转启动按钮,SB2 为并励直流电动机 M 反转启动按钮,SB3 为停止按钮,时间继电器 KT 实现并励直流电动机 M 串电阻降压启动时间控制功能。

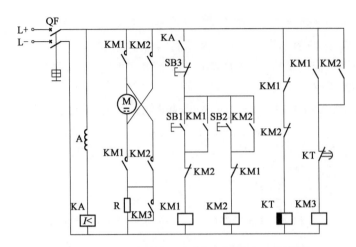

图 2-27　基于时间继电器的并励直流电动机正、反转控制

2.2　工作原理

（1）启动。先合上断路器 QF，此时励磁绕组 A 得电励磁，欠电流继电器 KA 得电，使 KA 动合触头闭合，时间继电器 KT 线圈得电，使 KT 延时闭合动断触并没有瞬时分断，接触器 KM3 处于失电状态，保证电动机 M 串接电阻 R 启动。

按下正转启动按钮 SB1（或反转启动按钮 SB2），接触器 KM1（或 KM2）线圈得电，KM1（或 KM2）辅助动合触头闭合，为 KM3 得电作准备，KM1（或 KM2）主触头闭合，电动机 M 串接电阻 R 正转（或反转）启动，KM1（或 KM2）自锁触头闭合自锁，KM1（或 KM2）联锁触头分断，对 KM2（或 KM1）联锁，KM1（或 KM2）辅助动断触头分断，使 KT 线圈失电，经过 KT 整定时间 KT 延时闭合动断触头恢复闭合，使 KM3 线圈得电，KM3 主触头闭合，电阻 R 被短接，电动机 M 进入全压运转。

（2）停止。按下停止按钮 SB3→KM1 或 KM2 线圈失电→KM1～KM3 触头系统复位→M 失电停转。

（3）停止使用时，断开电源开关 QF。

值得注意的是，并励直流电动机从一种转向变为另一种转向时，必须先按下停止按钮 SB3，使电动机停转后，再按相应的启动按钮。

3　直流电动机制动控制

直流电动机的制动与三相异步电动机相似，制动方法也有机械制动和电气制动两大类。其中电气制动常用的有能耗制动、反接制动和发电制动三种。图 2-28 所示为基于时间继电器的并励直流电动机能耗制动控制线路。

3.1　电路结构及主要电气元件作用

图 2-28 中，组合开关 QS 为电源总开关，按钮 SB1 为并励直流电动机 M 启动按钮，SB2 为并励直流电动机 M 制动停止按钮，RB 为并励直流电动机 M 制动电阻器，R1、R2 为并励直

流电动机 M 启动电阻器,VD 为续流二极管,时间继电器 KT1、KT2 实现并励直流电动机 M 串电阻器启动时间控制。

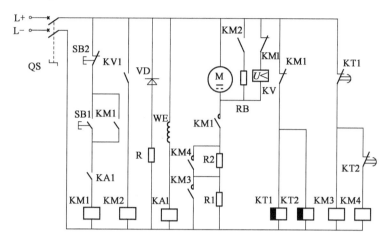

图 2-28　基于时间继电器的并励直流电动机能耗制动控制

3.2　工作原理

(1)启动。合上 QS,KA1 线圈得电,KA1 常开辅助触头闭合,同时 KT1、KT2 线圈得电,KT1、KT2 延时闭合触头瞬时断开,使 KM3 和 KM4 线圈失电,保证电枢串电阻 R1 和 R2 启动。

按下启动按钮 SB1,KM1 线圈得电,使 KM1 主触头闭合,M 电枢串电阻 R1 和 R2 启动,同时 KM1 常闭辅助触头断开,使欠电压断电器 KV 线圈断开及 KT1 和 KT2 线圈失电,KT1 断电延时闭合触头在整定时间到时闭合(KT1 整定时间小于 KT2 整定时间),KM3 线圈得电,KM3 主触头闭合,短接 R1,使 M 电枢串 R2 继续启动,当 KT2 整定时间到时,KT2 断电延时闭合触头闭合,使 KM4 线圈得电,KM4 主触头闭合,短接 R2,M 启动完成进入全压运转。

(2)能耗制动。按压停止按钮 SB2,KM1 线圈失电,KM1 主触头断开,电枢回路断电,KM1 自锁触头分断解除自锁,KM1 辅助动断触头恢复闭合,使 KT1 和 KT2 线圈得电,KT1 和 KT2 延时闭合动断触头瞬时分断,同时由于惯性运转的电枢切割磁力线而在电枢绕组中产生感生电动势,使并接在电枢两端的欠电压继电器 KV 的线圈得电,KV 动合触头闭合,KM2 线圈得电,KM2 动合触头闭合,制动电阻 RB 接入电枢回路进行能耗制动,当电动机转速减小到一定值时,电枢绕组的感生电动势也随之减小到很小,使欠电压继电器 KV 释放,KV 触头复位,KM2 断电释放,断开制动回路,能耗制动完毕。

(3)停止使用时,断开电源开关 QF。该控制线路具有制动力矩大、操作方便、无噪声等特点,在直流电力拖动中应用较广,其中容易出现故障的元器件是时间继电器和接触器。试车参数测量时,若对电动机无制动停车时间和能耗制动停车时间进行比较,则必须保证电动机的转速在两种情况下基本相同时开始计时。

4　直流电动机调速控制

根据直流电动机的转速公式 $n = \dfrac{U - I_a R_a}{C_e \Phi}$ 可知,直流电动机转速调节方法主要有电枢回路串电阻调速、改变励磁磁通调速、改变电枢电压调速和混合调速四种。本节选取改变励磁磁通调速方法进行介绍,其调速控制线路如图 2-29 所示。

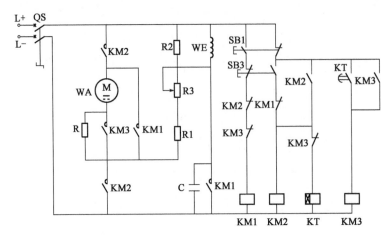

图 2-29   并励直流电动机调速控制

4.1   电路结构及主要电气元件作用

由图 2-29 可知,该控制线路由主电路和控制电路组成。

(1)主电路:由并励直流电动机电枢绕组 WA、励磁绕组 WE、接触器 KM1 ~ KM3 主触头、启动电阻器 R 和调速电阻器 R1 ~ R3 组成。其中 R3 为调速电位器,通过调节 R3 阻值,即可改变并励直流电动机 M 转速。

(2)控制电路:由启动按钮 SB2、停止按钮 SB1、接触器 KM1 ~ KM3 及其辅助触头、时间继电器 KT 线圈及其触头系统组成。

4.2   工作原理

电路通电后,当需要并励直流电动机启动运转时,按下启动按钮 SB2,接触器 KM2 得电吸合并自锁,主电路中接触器 KM2 主触头闭合,并励直流电动机串电阻器 R 启动。同时,时间继电器 KT 得电工作,当延时时间到达时,时间继电器 KT 的延时闭合动合触头闭合,接触器 KM3 通电吸合并自锁,接触器 KM3 的辅助动断触点断开,从而实现与接触器 KM1 互锁控制并使定时继电器 KT 线圈失电释放。主电路中接触器 KM3 的主触头闭合,切除启动电阻 R,并励直流电动机 M 全压运行。

当需要并励直流电动机制动停止运转时,按下制动停止按钮 SB1,接触器 KM2、KM3 均失电释放,主电路中 KM2、KM3 主触头断开,切断并励直流电动机的电枢回路电源,并励直流电动机脱离电源惯性运行。同时接触器 KM2、KM3 的辅助动断触点复位闭合,接触器 KM1 得电吸合,主电路中接触器 KM1 主触头闭合,接通能耗制动回路,串电阻 R 实现能耗制动。同时短接电容 C,实现制动过程中的强励,松开制动停止按钮 SB1,制动结束。

在电动机 M 正常运行状态下,调节调速电阻器 R3 阻值,即改变励磁电流大小,可改变并励直流电动机运转速度。

该控制线路具有能量损耗较小、经济实用等特点,因而在直流电力拖动中得到广泛应用。此外,由于并励直流电动机在额定运行时,磁路已稍有饱和,因此电动机转速只能在额定转速以上范围内进行调节。但转速又不能调节得过高,以免电动机振动过大,换向条件恶化,甚至出现"飞车"事故。所以利用改变励磁磁通调速时,其最高转速一般在 3000r/min 以下。

 学习情境

1 信息(创设情境、提供资讯)

重庆长安集团公司厂房有一台 B2012A 型龙门刨床工作台(图 2-30)无法启动,现需要重新设计一套工作台的电气控制系统,并进行安装调试。

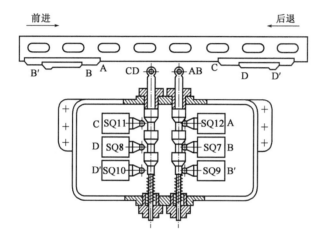

图 2-30 B2012A 工作台自动循环控制位置图

B2012A 型龙门刨床工作台的往复运动采用电机扩大机作为励磁调节器的直流发电机—电动机系统,通过调节直流发电机的电压来调节直流电动机的输出速度。B2012A 型龙门刨床工作台的控制目标是控制工作台自动往复循环运动和调速,控制要求如下:

(1)每个自动循环过程都是按照如下程序自动完成:慢速前进→工作速度前进→减速前进→反向快速退回→减速退回,如图 2-31 所示。

(2)工作台上有装撞块 A、B、B′和 C、D、D′,其随工作台一起移动。

(3)工作台的自动循环从初始位置开始,即撞块 C、D、D′中的 C、D 通过压杆 CD 压下位置开关 SQ11 和 SQ8,而位置开关 SQ12 和 SQ7 处于未动作状态。

(4)按下自动循环启动按钮,工作台开始慢速前进,刀具慢速切入工件,以减小刀具切入工件时的冲击。

(5)当刀具切入工件后,要求工作台转为工作速度前进,撞块 C、D、D′中的 D 离开压杆 CD,位置开关 SQ8 复位,工作台转为工作切削速度前进。

(6)工作台以工作速度前进时,C、D、D′离开压杆,撞块 A 碰撞压杆 AB,位置开关 SQ12 动作,工作台改为减速前进。

(7)当刀具离开工件,工作台前进工作行程结束时,撞块 B 压动位置开关 SQ7,使工作台

直流拖动电机反接制动停止,并自动反向启动加速,高速返回。此时控制刀具自动抬刀,以防止工件表面被刀具损伤。

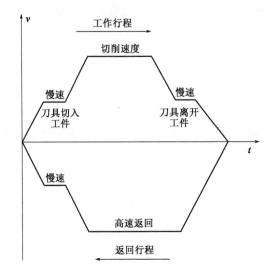

图 2-31 B2021A 工作台自动循环速度控制示意图

(8)当工作台快速后退到一定行程时,撞块 A 离开压杆 AB,撞块 C 碰压 CD 杆,压下位置开关 SQ11,工作台转为减速后退。

(9)当工作台后退结束时,撞块 D 压动压杆 CD,压下位置开关 SQ11 和 SQ8,工作台迅速制动并转为反向启动,转入下一个工作循环过程。

接受任务后,请查阅相关资料设计电气控制原理图和布线图,并完成控制系统安装。

独立工作:搜集直流电动机、直流发电机、电磁扩大机及其控制电路方面信息,完成以下任务。

(1)查阅资料,阐述他励、串励、复励直流电动机的区别,此项目中需要应用哪一种电动机?

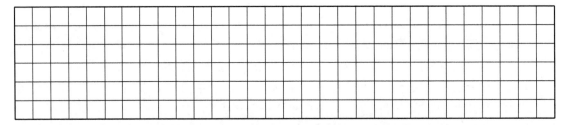

(2)查阅资料,阐述电机扩大机的工作原理,此项目中使用电机扩大机的作用是什么?

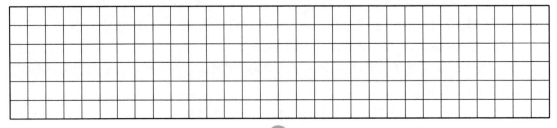

（3）查阅资料，阐述他励直流电动机如何实现正反转？

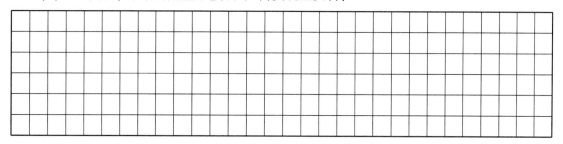

（4）分析 B2012A 型龙门刨床直流发电—拖动系统主电路，直流电动机 M 是如何实现调速功能的？

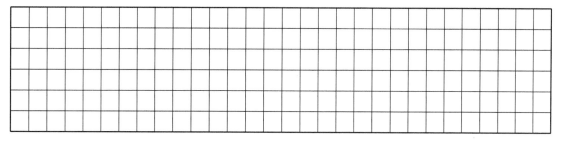

（5）查阅资料，在下方区域绘制他励直流电机正反转控制电气原理图。

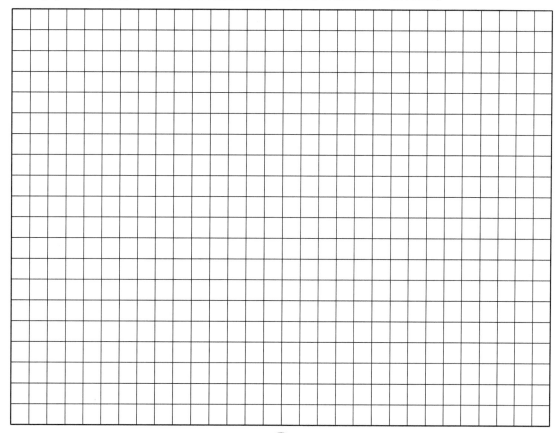

(6)查阅资料,在下方区域绘制他励直流电动机带调速功能的正反转控制电气原理图。

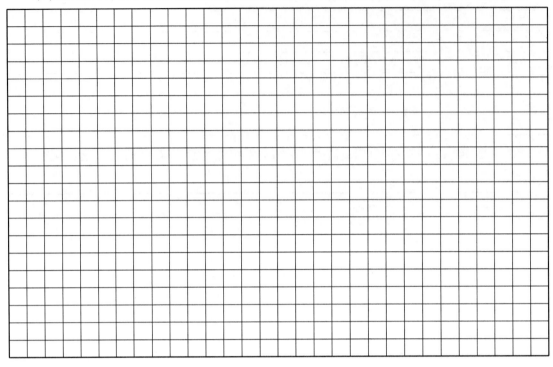

2 计划(分析任务、制订计划)

个人/小组工作:根据 B2021A 型龙门刨床工作台自动往复运行控制系统工作原理并结合他励直流电动机带调速功能的正反转控制原理图完成下列任务。

(1)拟定电气元件及功能说明表,完成表 2-47。

电气元件及功能说明 表 2-47

符　号	名称及用途	符　号	名称及用途

（2）绘制能够满足龙门刨床工作台自动往复运行功能的控制电路原理图。

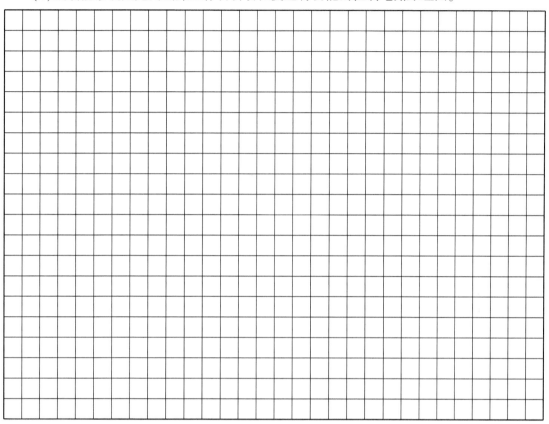

（3）根据培训中心现场情况，列出 B2021A 型龙门刨床工作台自动往复运行控制电路所需元器件及材料清单，完成表 2-48。

清　单

表 2-48

序号	名　　称	符　号	型　号	数　量	规　格
1					
2					
3					
4					
5					
6					
7					
8					
9					
10					

（4）列出 B2021A 型龙门刨床工作台自动往复运行电气控制系统安装所需工具、辅具及耗材清单，完成表 2-49。

清单   表2-49

序号	名　称	型　号	规　格	数　量	备　注
1					
2					
3					
4					
5					
6					
7					
8					
9					
10					
11					
12					

3　决策(集思广益、作出决定)

个人/小组工作:根据B2021A型龙门刨床工作台自动往复运行电气控制原理图完成下列任务。

绘制B2021A型龙门刨床工作台自动往复运行控制电路布线图。

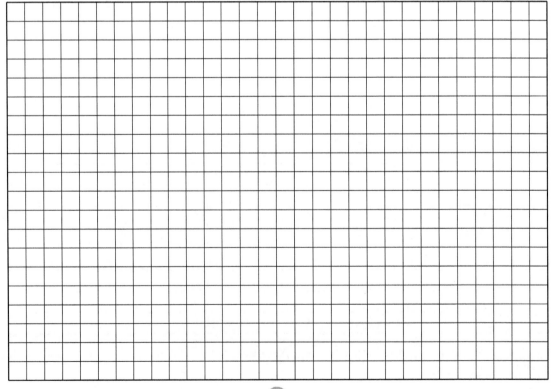

1.直流电动机的励磁方式有哪几种？试画图说明。

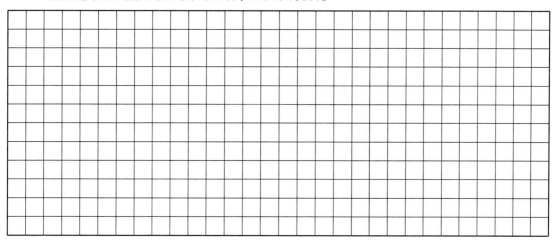

2.试比较他励和并励直流发电机的外特性有何不同？

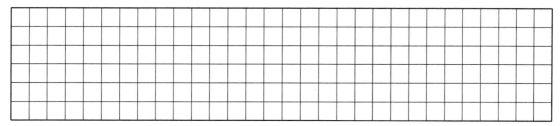

3.有一他励电动机，已知 $U = 220V$，$I_a = 53.8A$，$n = 1500r/min$，$R_a = 0.7\ \Omega$。今将电枢电压降低一半，而负载转矩不变，问转速降低多少？

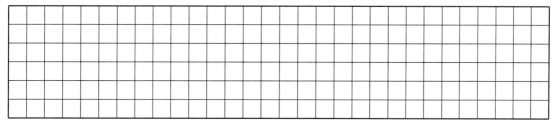

4.他励直流电动机为什么不能直接启动？常用的启动方法有哪些？

模块三　机床电气控制技术

学习情境 3-1　CA6136 车床电气控制系统安装规划与实施

 学习目标

知识目标：

1. 了解常用电工工具的使用规范；
2. 掌握典型车床电气控制原理；
3. 掌握车床电气测绘方法；
4. 掌握电路检测和工作过程评价的方法。

能力目标：

1. 能够接受工作任务，合理收集专业知识信息；
2. 能够进行小组合作，制订小组工作计划；
3. 能够识读并分析典型车床电气原理图；
4. 能够对车间现场车床电气控制系统进行测绘并绘制电气线路草图；
5. 能够依据测绘电气线路草图对车床电气控制系统进行改进设计；
6. 能够根据车床电气原理图拟订物料清单；
7. 能够根据车床电气原理图绘制电气接线图；
8. 能够根据车床电气接线图进行电气系统接线、安装与调试；
9. 能够自主学习，与同伴进行技术交流，处理工作过程中的矛盾与冲突；
10. 能够进行学习成果展示和汇报。

素养目标：

能够考虑安全与环保因素，遵守工位 5S 与安全规范。

 知识模块

车床是应用极为广泛的金属切削机床，主要用于车削外圆、内圆、端面螺纹和定型表面，并可通过尾架进行钻孔、绞孔和攻螺纹等切削加工，且不同型号车床的主电动机工作要求不同，因而由不同的控制线路构成。

1　CW6136B 型卧式车床电气控制线路

CW6136B 型卧式车床电气控制线路如图 3-1 所示。其主要承担车削内外圆柱面、圆锥面及其他旋转体零件等工作，也可加工各种常用的公制、英制、模数和径节螺纹，并能拉削油沟和键槽，具有传动刚度较高、精度稳定、能进行强力切削、外形整齐美观、易于擦拭和维护等特点。

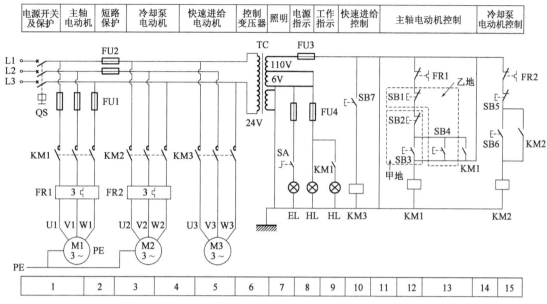

图 3-1 CW6136B 型卧式车床电气控制原理图

2 CW6136B 型卧式车床电气控制线路主电路

2.1 电路结构及主要电气元件作用

CW6163B 型卧式车床主电路由图 3-1 中 1～5 区组成。其中,1 区为电源开关及保护部分,2 区为主轴电动机 M1 主电路,3 区为短路保护部分,4 区为冷却泵电动机 M2 主电路、5 区为快速进给电动机 M3 主电路。对应图中使用的各电气元件符号及功能说明,如表 3-1 所示。

电气元件符号及功能说明 表 3-1

符 号	名称及用途	符 号	名称及用途
M1	主轴电动机	KM3	M3 控制接触器
M2	冷却泵电动机	FR1、FR2	热继电器
M3	刀架快速移动电动机	QS	组合开关
KM1	M1 控制接触器	FU1、FU2	熔断器
KM2	M2 控制接触器		

2.2 工作原理

电路通电后,断路器 QS 将 380V 交流电压引入 CW6163B 型卧式车床主电路。其中,主轴电动机 M1 工作状态由接触器 KM1 主触头控制。实际应用时,安培表可显示主轴电动机 M1 实际工作电流;热继电器 FR1 实现主轴电动机 M1 过载保护功能。

冷却泵电动机 M2 工作状态由接触器 KM2 主触头控制。实际应用时,热继电器 FR2 实现冷却泵电动机 M2 过载保护功能。

快速进给电动机 M3 工作状态由接触器 KM3 主触头控制。实际应用时,由于快速移动电动机 M3 为短期点动工作,故未设过载保护。

3 CW6136B 型卧式车床电气控制线路控制电路

CW6163B 型卧式车床控制电路由图 3-1 中 6 ~ 15 区组成。其中,6 区为控制变压器部分。实际应用时,合上电源开关 QS,380V 交流电压经 FU1、FU2 加至控制变压器 TC 一次绕组两端,经降压后输出 110V 交流电压作为控制电路的电源,24V 交流电压作为机床工作照明电路电源,6V 交流电压作为信号指示电路电源。

3.1 电路结构及主要电气元件作用

由图 3-1 中 6 ~ 15 区可知,CW6163B 型卧式车床控制电路由主轴电动机 M1 控制、冷却泵电动机 M2 控制、快速进给电动机 M3 控制和照明、信号等电路组成。对应图中使用的各电气元件符号及功能说明,如表 3-2 所示。

电气元件符号及功能说明　　　　　　　　　　　　表 3-2

符　号	名称及用途	符　号	名称及用途
TC	控制变压器	SB7	M3 点动启动按钮
FU3、FU4	熔断器	SA	照明灯控制开关
SB1、SB2	M1 两地停止按钮	EL	照明灯
SB3、SB4	M1 两地启动按钮	HL1	电源指示灯
SB5	M2 停止按钮	HL2	M1 工作指示
SB6	M2 启动按钮		

3.2 工作原理

CW6163B 型卧式车床的主轴电动机 M1 主电路、冷却泵电动机 M2 主电路和快速进给电动机 M3 主电路接通电路的元件分别为接触器 KM1、接触器 KM2 和接触器 KM3 主触头。所以,在确定各控制电路时,只需各自找到它们相应元件的控制线圈即可。

(1)主轴电动机 M1 控制电路。主轴电动机 M1 控制电路由图 3-1 中 11 ~ 13 区对应的元器件组成。电路通电后,当需要主轴电动机 M1 启动运转时,按下两地启动按钮 SB3 或 SB4,接触器 KM1 得电吸合并自锁,主轴电动机 M1 主电路中接触器 KM1 主触头闭合接通主轴电动机 M1 电源,主轴电动机 M1 启动运转。当需要主轴电动机 M1 停止运转时,按下两地停止按钮 SB1 或 SB2,接触器 KM1 失电释放,其主触头断开,使主轴电动机 M1 失电停止运转。

(2)冷却泵电动机 M2 控制电路。冷却泵电动机 M2 控制电路由图 3-1 中 14 区、15 区对应的元器件组成。主轴电动机 M1 启动运转后,当需要冷却泵电动机 M2 启动运转时,按下启动按钮 SB6,接触器 KM2 供电吸合并自锁.冷却泵电动机 M2 主电路中接触器 KM2 主触头闭合接通冷却泵电动机 M2、电源,冷却泵电动机 M2 启动运转。当需要冷却泵电动机 M2 停止运转时,按下停止按钮 SB5 即可。

(3)快速进给电动机 M3 控制电路。快速进给电动机 M3 控制电路由图 3-1 中 10 区对应的元器件组成。实际应用时,按下点动按钮 SB7 可对快速进给电动机 M3 实现点动控制。

（4）照明、信号电路。CW6163B 型卧式车床照明、信号电路由图 3-1 中 7～9 区对应电气元件组成。实际应用时，控制变压器 TC 的二次侧输出电压。作为车床低压照明灯和信号灯的电源。其中，车床工作照明灯 EL 由单极控制开关 SA 控制；M1 工作指示灯 HL2 由接触器 KM1 辅助动合触点控制，即当主轴电动机 M1 启动运转时。EL2 点亮指示 M1 工作状态，当 M1 停止运转时，EL2 也随着熄灭。

 学习情境

1　信息（创设情境、提供资讯）

重庆交通职业学院中德培训中心厂房有 10 台 CA6136 型车床（图 3-2），现需要对其机床电气控制系统进行测绘，重新规划电气控制系统并进行安装与调试。

任务要求如下：

（1）现场测绘 CA6136 车床电气控制系统。

（2）重新规划并优化 CA6136 车床电气控制系统原理图（图 3-3）。

（3）在条件允许情况下，对 CA6136 车床电气控制系统并进行安装调试。

接受任务后，查阅相关资料，设计 CA6136 电气控制原理图和布线图，并完成控制系统安装。

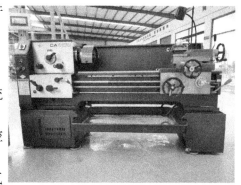

图 3-2　中德培训中心机械加工区 CA6136 车床

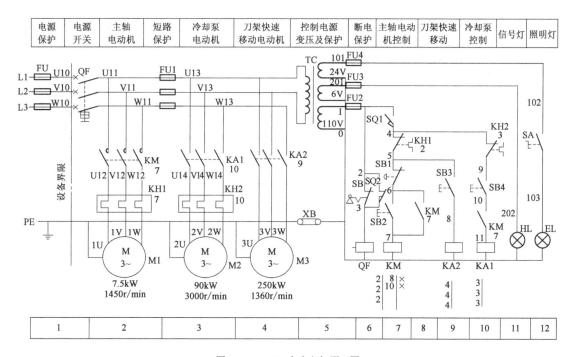

图 3-3　CA6136 车床电气原理图

独立学习任务:分析、叙述 CA6136 的加工操作过程。

(1)按下加工操作启动按钮,主轴带动工件转动,开始加工,主轴电动机额定功率是_____kW,额定电流_____A。

电流计算如下:

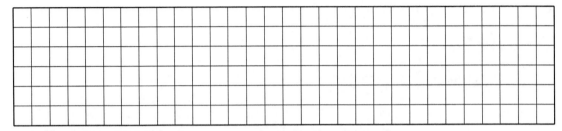

(2)冷却系统控制电路连接入 KM 常开辅助触点的作用是什么?

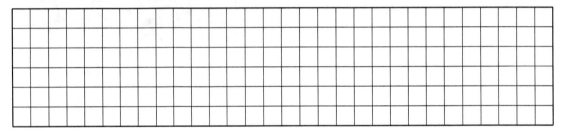

个人/小组工作:根据中德培训中心现场 CA6136 车床列出元器件、电气设备清单,并于机床说明书的型号进行对比,了解每种元器件的市场价格,完成表 3-3。

清 单　　　　　　　　　　　表 3-3

序号	名　　称	符　　号	型　　号	数　　量	规　　格
1					
2					
3					
4					
5					
6					
7					
8					
9					
10					
11					
12					
13					
14					

独立工作:查阅资料学习空气开关的代号、工作原理等信息。

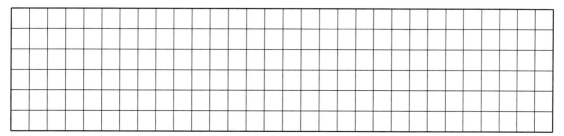

独立工作:查找本情境所用变压器相关信息及铭牌,并说明其数据含义。

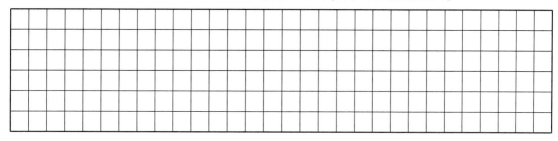

个人/小组工作:查询相关手册及资料,学习车床常见故障现象及检测修理方法,完成表3-4。

车床常见故障现象　　　　　　　　　　　　　　　　　　表3-4

序号	故　障　现　象	原　因　分　析
1	主轴电动机 M1 启动后不能自锁	
2	主轴电机 M1 不能停止	
3	主轴电机运行中停车	

小组工作:分析车床冷却电路,然后写出需要选择哪些元器件?

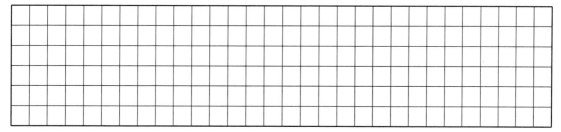

小组工作:分析车床刀架快速移动电路,然后写出需要选择哪些元器件?

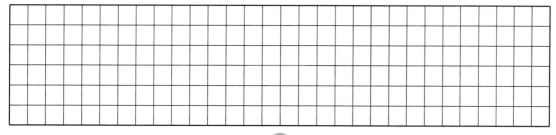

2 计划(分析任务、制订计划)

个人/小组工作:由于机床提供的原图技术较陈旧,根据以上信息完成下列任务。

(1)重新拟订 CA6136 车床电气元件及功能说明表,完成表 3-5。

电气元件及功能说明 表 3-5

符 号	名称及用途	符 号	名称及用途

（2）重新设计并绘制 CA6136 车床电气控制系统原理图。

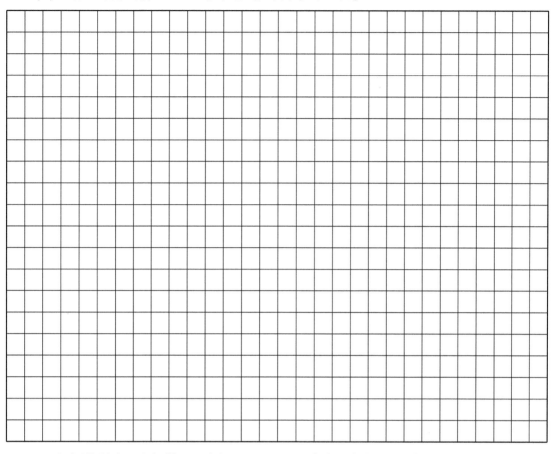

（3）根据培训中心现场情况，列出上述 CA6136 车床电气控制电路所需元器件及材料清单，完成表3-6。

清 单 表3-6

序号	名 称	符 号	型 号	数 量	规 格
1					
2					
3					
4					
5					
6					
7					
8					

（4）列出上述 CA6136 车床电气控制电路实现所需工具、辅具及耗材清单，完成表3-7。

清 单 表 3-7

序号	名 称	型 号	规 格	数 量	备 注
1					
2					
3					
4					
5					
6					
7					
8					
9					
10					
11					

3 决策(集思广益、作出决定)

个人/小组工作:根据重新设计并绘制的 CA6136 车床电气控制系统原理图完成下列任务。

(1)绘制 CA6136 车床电气控制系统安装接线图。

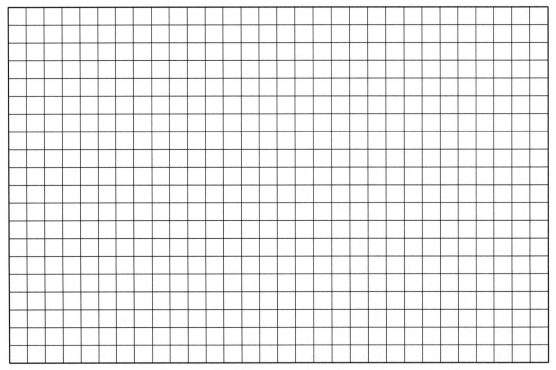

(2)制订 CA6136 车床电气控制系统安装项目小组工作计划表,确认成员分工及计划时间,完成表 3-8。

成员分工及计划时间　　　　　　　　　　　　　　表 3-8

序号	工作计划	职　责	人　员	计划工时	备　注
1					
2					
3					
4					
5					
6					
7					
8					

4　实施(分工合作、沟通交流)

小组工作:按工作计划实施 CA6136 车床电气控制系统安装与调试,完成表 3-9。

安 装 与 调 试　　　　　　　　　　　　　　表 3-9

序号	行 动 步 骤	实施人员	实际用时	计划工时
1				
2				
3				
4				
5				
6				
7				
8				

独立工作:选用万用表对电气系统进行短路检查。在表 3-10 中记录常规检查的要点和结果。

检查关键点和结果　　　　　　　　　　　　　　表 3-10

步骤	检 查 关 键 点	测 量 方 式	结 果 处 理
1			
2			
3			
4			
5			
6			
7			
8			

5 控制(查漏补缺、质量检测)

个人/小组工作:明确检测要素与整改措施,完成表3-11。

检查要素与整改措施 表3-11

序号	检测要素	技术标准	是否完成	整改措施

小组工作:检查各小组的工作过程实施情况,完成表3-12。

工作过程实施情况 表3-12

检查项目	检查结果			需完善点	其 他
	个人检查	小组检查	教师检查		
工时执行					
5S 执行					
质量成果					
学习投入					
获取知识					
技能水平					
安全、环保					
设备使用					
突发事件					

6 评价(总结过程、任务评估)

小组工作:将自己的总结向别的同学介绍,描述收获、问题和改进措施。在一些工作完成不尽意的地方,征求意见。

(1)收获。

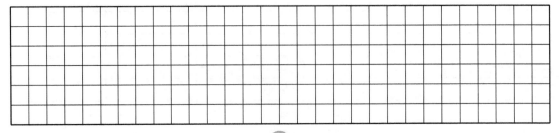

（2）问题。

（3）别人给自己的意见。

（4）改进措施。

自评和互评：小组之间按照评分标准进行工作过程自评和互评，完成表3-13。

自　评　和　互　评　　　　　　　　　　　　　　表3-13

班级		被评组名		日期				
评价指标	评价要素					分数	自评分数	互评分数
信息检索	该组能否有效利用网络资源、工作手册查找有效信息					5		
	该组能否用自己的语言有条理地去解释、表述所学知识					5		
	该组能否对查找到的信息有效转换到工作中					5		
感知工作	该组能否熟悉自己的工作岗位，认同工作价值					5		
	该组成员在工作中，是否获得满足感					5		
参与状态	该组与教师、同学之间是否相互尊重、理解、平等					5		
	该组与教师、同学之间是否能够保持多向、丰富、适宜的信息交流					5		
	该组能否处理好合作学习和独立思考的关系，做到有效学习					5		
	该组能否提出有意义的问题或能发表个人见解；能按要求正确操作；能够倾听、协作分享					5		
	该组能否积极参与，在产品加工过程中不断学习，综合运用信息技术的能力提升很多					5		
学习方法	该组的工作计划、操作技能是否符合规范要求					5		
	该组是否获得了进一步发展的能力					5		

评价指标	评价要素	分数	自评分数	互评分数
工作过程	该组是否遵守管理规程,操作过程符合现场管理要求	5		
	该组平时上课的出勤情况和每天完成工作任务情况	5		
	该组成员是否能加工出合格工件,并善于多角度思考问题,能主动发现、提出有价值的问题	15		
思维状态	该组是否能发现问题、提出问题、分析问题、解决问题、创新问题	5		
自评反馈	该组能严肃认真地对待自评,并能独立完成自测试题	10		
总分数		100		
简要评述				

教师总评:教师按照评分标准对各小组进行任务工作过程总评,完成表3-14。

总　　评　　　　　　　　表3-14

班级			组名		姓名	
出勤情况						
一	信息	口述或书面梳理工作任务要点	1. 表述仪态自然、吐字清晰	15	表述仪态不自然或吐字模糊扣5分	
			2. 工作页表述思路清晰、层次分明、准确		表述思路模糊或层次不清扣5分,分工不明确扣5分	
二	计划	绘制电气原理图并拟订物料清单	1. 图样关键点准确	15	表述思路或层次不清扣5分	
			2. 制订计划及清单清晰合理		计划及清单不合理扣5分	
	决策	绘制电气接线图并制订工艺计划	1. 接线图准确无误 2. 制订合理工艺	20	一处计划不合理扣2分,扣完为止	
三	实施	安装准备	1. 工具、元器件、辅材准备	2	每漏一项扣1分	
		电气安装	2. 正确选择电气元件、工具及辅材	3	选择错误扣1分,扣完为止	
			3. 正确实施计划无失误(依据零件评分表)	15		
		现场	4. 在工作过程中保持6S、设备、工具、量具、刀具、工位现场恢复整理	10	每出现一项扣1分,扣完此项配分为止	
四	控制		正确读取和测量加工数据并正确分析测量结果	10	能自我正确检测工件并分析原因,错一项,扣1分,扣完为止	
五	评价	工作过程评价	1. 依据自评分数	5		
			2. 依据互评分数	5		
六		合计		100		

复习提高

1. 一个企业内部谁可以对机床做电器维护工作?(　　　)

A. 每一位员工　　　　　　　　　　B. 电气专业技术人员

C. 实习生　　　　　　　　　　　　D. "自动化技术电工"培训师

E. 工业机械工(机修钳工)

2. 作为一个修理工,若需要使用一个电压检测仪器,请问什么时候应该检查其状态是否良好? (　　)。

A. 每天　　　　B. 每次使用前　　　　C. 每周一次　　　　D. 每月一次

3. 机床电气图分为哪三种?

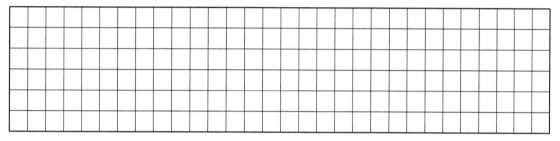

4. 电气故障检测的步骤是什么?

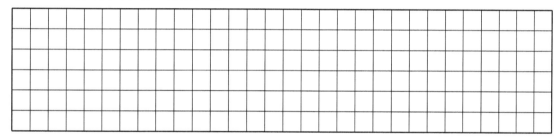

5. CA6140 型车床使用多年,对车床电气设备进行大修时应对电机进行(　　)。

A. 不修　　　　B. 小修　　　　C. 大修　　　　D. 中修

6. 能够充分表达电气设备的用途以及线路工作原理的是(　　)。

A. 接线图　　　　B. 电气原理图　　　　C. 布置图

7. 同一电路的各元件在电气原理图和接线图中使用的图形符号、文字符号要(　　)。

A. 基本相同　　　　　　　　　　B. 不同

C. 完全相同　　　　　　　　　　D. 无所谓

8. 在电气原理图中,QS、FU、KM、KA、KS、FR、SB 各代表什么元器件?

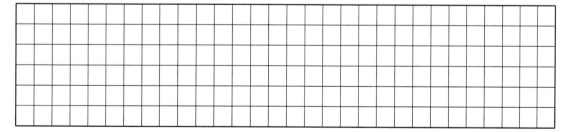

9. 在电气控制线路中采用低压断路器作电源引入开关,电源电路是否还需要用熔断器作为短路保护? 控制电路是否还要用熔断器作为短路保护?

<table>
<tr><td></td><td></td><td></td><td></td><td></td><td></td><td></td><td></td><td></td><td></td><td></td><td></td><td></td><td></td><td></td><td></td><td></td><td></td></tr>
<tr><td></td><td></td><td></td><td></td><td></td><td></td><td></td><td></td><td></td><td></td><td></td><td></td><td></td><td></td><td></td><td></td><td></td><td></td></tr>
<tr><td></td><td></td><td></td><td></td><td></td><td></td><td></td><td></td><td></td><td></td><td></td><td></td><td></td><td></td><td></td><td></td><td></td><td></td></tr>
<tr><td></td><td></td><td></td><td></td><td></td><td></td><td></td><td></td><td></td><td></td><td></td><td></td><td></td><td></td><td></td><td></td><td></td><td></td></tr>
<tr><td></td><td></td><td></td><td></td><td></td><td></td><td></td><td></td><td></td><td></td><td></td><td></td><td></td><td></td><td></td><td></td><td></td><td></td></tr>
</table>

学习情境 3-2　X8120W 炮塔铣床电气控制系统安装规划与实施

 学习目标

知识目标：

1. 了解常用电工工具的使用规范；

2. 掌握典型铣床电气控制原理；

3. 掌握铣床电气测绘方法；

4. 掌握电路检测和工作过程评价的方法。

能力目标：

1. 能够接受工作任务，合理收集专业知识信息；

2. 能够进行小组合作，制订小组工作计划；

3. 能够识读并分析典型铣床电气原理图；

4. 能够对车间现场铣床电气控制系统进行测绘并绘制电气线路草图；

5. 能够依据测绘电气线路草图对铣床电气控制系统进行改进设计；

6. 能够根据铣床电气原理图拟订物料清单；

7. 能够根据铣床电气原理图绘制电气接线图；

8. 能够根据铣床电气接线图进行电气系统接线、安装与调试；

9. 能够自主学习，与同伴进行技术交流，处理工作过程中的矛盾与冲突；

10. 能够进行学习成果展示和汇报。

素养目标：

能够考虑安全与环保因素，遵守工位 5S 与安全规范。

 知识模块

铣床是利用铣刀旋转对工件进行铣削加工的实用型机床，主要用于机械变速器齿轮、蜗轮、蜗杆及机械曲面等复杂机械零件加工，具有加工范围广、适合批量加工、效率高等特点。其主要类型有卧式铣床、立式铣床、龙门铣床和仿型铣床等。

1 X8120W 型万能工具铣床电气控制线路

X8120W 型万能工具铣床适用于加工各种刀具、夹具、冲模、压模等中小型模具及其他复杂零件,借助特殊附件能完成圆弧、齿条、齿轮、花键等零件的加工,具有万能性广、精度高、操作简便等特点。X8120W 型万能工具铣床电气控制线路如图 3-4 所示。

2 X8120W 型万能工具铣床电气控制线路主电路

2.1 电路结构及主要电气元件作用

X8120W 型万能工具铣床主电路由图 3-4 中 1~4 区组成。其中,1 区为电源开关及保护电路,2 区和 3 区为主轴电动机 M1 主电路,4 区为冷却泵电动机 M2 主电路。对应图中使用的各电气元件符号及功能说明,如表 3-15 所示。

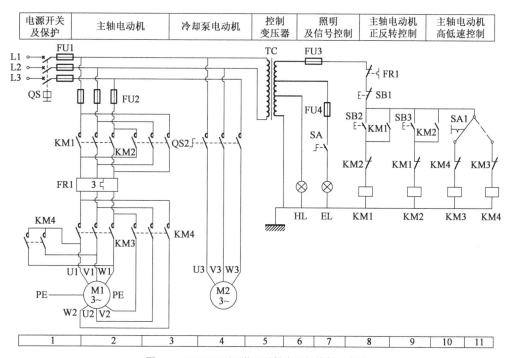

图 3-4 X8120W 型万能工具铣床电气控制电路图

电气元件符号及功能说明 表 3-15

符 号	名称及用途	符 号	名称及用途
M1	主轴电动机	FR	FU2
M2	冷却泵电动机	QS1	组合开关
KM1	M2 正转接触器	QS2	M1 转换开关
KM2	M2 反转接触器	FU1	熔断器
KM3	M2 低速接触器	FU2	熔断器
KM4	M2 高速接触器		

2.2 工作原理

电路通电后,组合开关 QS1 将 380V 的三相电源引入 X8120W 型万能工具铣床主电路。其中,冷却泵电动机 M1 主电路属于单向运转单元主电路结构。实际应用时,冷却泵电动机 M1 工作状态由转换开关 QS2 进行控制。另外,由于冷却泵电动机 M1 为点动短期工作,故未设置过载保护装置。

主轴电动机 M2 主电路属于正、反转双速控制单元主电路结构。实际应用时,主轴电动机 M2 具有低速正向运转、高速正向运转、低速反向运转、高速反向运转四种工作状态。当接触器 KM1、KM3 同时通电闭合时,M2 工作于低速正向运转状态;当接触器 KM1、KM4 同时通电闭合时,M2 工作于高速正向运转状态;当接触器 KM2、KM3 同时通电闭合时,M2 工作于低速反向运转状态;当接触器 KM2、KM4 同时通电闭合时,M2 工作于高速反向运转状态。另外,热继电器 FR 实现主轴电动机 M2 过载保护功能。

3 X8120W 型万能工具铣床电气控制线路控制电路

X8120W 型万能工具铣床控制电路由图 3-4 中 5 ~ 11 区组成。其中,5 区为控制变压器部分,实际应用时,合上组合开关 QS1,380V 交流电压经熔断器 FU1、FU2 加至控制变压器 TC 一次侧绕组两端,经降压后输出 110V 交流电压给控制电路供电。另外,24V 交流电压为机床工作照明灯电路电源,6V 交流电压为信号灯电路电源。

3.1 电路结构及主要电气元件作用

由图 3-4 中 5 ~ 11 可知,X8120W 型万能工具铣床控制电路由主轴电动机 M1 控制和照明、信号等电路组成。对应图中使用的各电气元件符号及功能说明,如表 3-16 所示。

电气元件符号及功能说明 表 3-16

符　号	名称及用途	符　号	名称及用途
SB1	M2 停止按钮	SA2	照明灯控制开关
SB2	M2 正转启动按钮	TC	电压继电器动合触点
SB3	M2 反转启动按钮	HL	信号灯
SA1	M1 高、低速转换按钮	EL	照明灯
HL	控制变压器		

3.2 工作原理

X8120W 型万能工具铣床的主轴电动机 M1 主电路中接通电路的电气元件为接触器。KM1 ~ KM4 为主触头。所以,在确定各控制电路时,只需各自找到它们相应元件的控制线圈即可。

(1)主轴电动机 M1 控制电路。主轴电动机 M1 控制电路由图 3-4 中 8 ~ 11 区对应电气元件组成,属于典型的正、反转双速控制电路。电路通电后,当需要主轴电动机 M2 低速正转或高速正转时,按下其正转启动按钮 SB2,接触器 KM1 得电闭合并自锁,其主触头闭合接通主轴电动机 M2 正转电源,为主轴电动机 M2 低速正转或高速正转做好准备。此时,若将转换开关 SA1 扳至"低速"挡位置,则接触器 KM3 通电闭合,其主触头处于闭合状态。此时,主轴电动机 M2 绕组接成 △ 连接低速正向启动运转。若将转换开关 SA1 扳至"高速"挡位置,则接触器 KM4 通电吸合,其主触头处于闭合状态。此时,主轴电动机 M2 绕组接成 Y 连接高速启动运转。

主轴电动机 M2 的低速反转或高速反转控制过程与低速正转或高速正转控制过程相同,请读者自行分析。另外,串接在对应接触器线圈回路中的联锁触头实现接触器 KM1 和接触器 KM2 的联锁控制。

(2)照明、信号电路。照明、信号电路由图 3-4 中 6 区、7 区对应电气元件组成。实际应用时,380V 交流电压经控制变压器 TC 降压后分别输出 24V 和 6V 交流电压给照明、信号电路供电。SA2 控制照明灯 EL 供电回路的通断,熔断器 FU3 实现照明电路短路保护功能。

 学习情境

1 信息(创设情境、提供资讯)

重庆交通职业学院中德培训中心厂房有 10 台 X8120W 炮塔铣床(图 3-5),现需要对其机床电气控制系统进行测绘,重新规划电气控制系统并进行安装与调试。

任务要求如下:

(1)现场测绘 X8120W 炮塔铣床电气控制系统。

(2)重新规划并优化 X8120W 炮塔铣床电气控制系统原理图。

(3)在条件允许情况下,对 X8120W 炮塔铣床电气控制系统并进行安装调试。

接受任务后,查阅相关资料,设计 X8120W 炮塔床铣电气控制原理图和布线图,并完成控制系统安装。

个人工作:根据以下铣床结构图,搜索并描述铣床相关信息,在图 3-5 中标出相应处置。

(1)冷却系统的用:＿＿＿＿＿＿＿＿＿＿＿＿＿。

图 3-5 中德培训中心机械加工区 X8120W 炮塔铣床

(2)主轴:＿＿＿＿＿＿＿＿＿＿＿＿＿＿＿。

(3)机床照明:＿＿＿＿＿＿＿＿＿＿＿＿＿＿＿＿＿＿。

(4)工作台:＿＿＿＿＿＿＿＿＿＿＿＿＿＿＿＿＿＿。

(5)电气柜:＿＿＿＿＿＿＿＿＿＿＿＿＿＿＿＿＿＿。

(6)操作过程描述:＿＿＿＿＿＿＿＿＿＿＿＿＿＿＿。

(7)铣床价格:＿＿＿＿＿＿＿＿＿＿＿＿＿＿＿＿＿。

个人/小组工作:识读 X8120W 铣床电气原理图,列出图中相关元器件的名称、数出数量、查找其功能,并与同桌讨论学习,完成表 3-17。

元 器 件 信 息   表 3-17

序号	代 号	名 称	数 量	规格型号及用途说明
1	QS			
2	FU			
3	KM			
4	FR			
5	M			
6	SA			
7	SB			
8	TC			
9	SQ			
10	KA			
11	HL			
12	EL			
13	PE			
14				
15				

小组工作:查找本情境所用变压器相关信息及铭牌,并说明其数据含义。

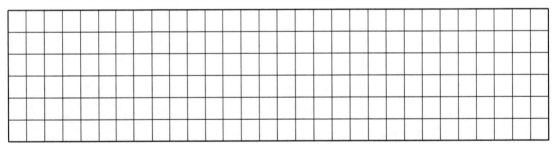

个人/小组工作:查询相关手册及资料,学习铣床常见电气故障现象及检测修理方法,完成表 3-18。

常见电气故障现象及检测修理方法   表 3-18

序号	故 障 现 象	原 因 分 析
1	主轴电动机 M1 无制动	
2	工作台各方向不能进给	
3	冷却电机 M2 无法启动	

小组工作:分析铣床冷却电路,然后写出元器件选择及安装调试的过程。

步骤一：

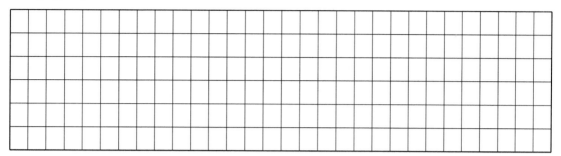

步骤二：

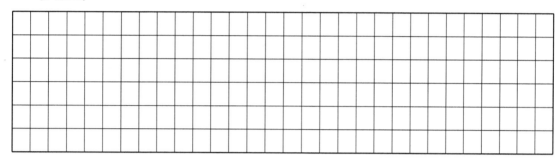

步骤三：

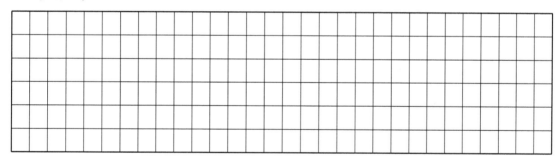

步骤四：

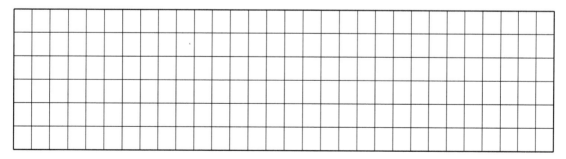

2 计划(分析任务、制订计划)

个人/小组工作:由于机床的原图纸技术较陈旧,根据以上信息完成下列任务。

(1)拟订电气元件及功能说明表,完成表3-19。

电气元件及功能说明 表 3-19

符　号	名称及用途	符　号	名称及用途

（2）重新设计并绘制 X8120W 铣床电气控制系统原理图。

（3）个人/小组工作。

根据培训中心现场情况,列出上述 X8120W 铣床电气控制电路所需元器件及材料清单,完成表 3-20。

清　单　　　　　　　　　　　　　表 3-20

序号	名　　称	符　　号	型　　号	数　　量	规　　格
1					
2					
3					
4					
5					
6					
7					
8					

请列出上述 X8120W 铣床电气控制电路实现所需工具、辅具及耗材清单,完成表 3-21。

清　单　　　　　　　　　　　　　表 3-21

序号	名　　称	型　　号	规　　格	数　　量	备　　注
1					
2					
3					
4					
5					
6					
7					
8					
9					
10					
11					

3 决策(集思广益、作出决定)

个人/小组工作:根据重新设计并绘制的 X8120W 铣床电气控制系统原理图完成下列任务。

绘制 X8120W 铣床电气控制系统安装接线图。

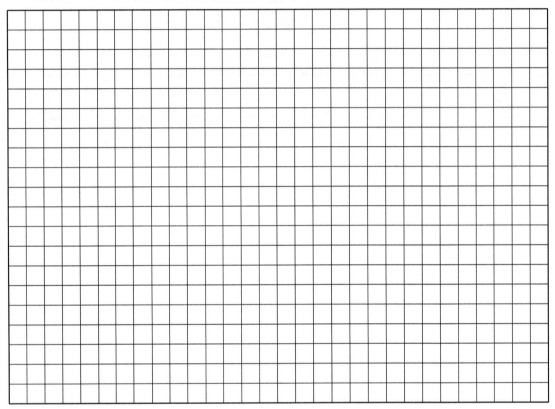

个人/小组工作:制订 X8120W 铣床电气控制系统安装项目小组工作计划表,确认成员分工及计划时间,完成表 3-22。

成员分工及计划时间   表 3-22

序号	工作计划	职 责	人 员	计划工时	备 注
1					
2					
3					
4					
5					
6					
7					
8					

4　实施(分工合作、沟通交流)

小组工作:按工作计划实施 X8120W 铣床电气控制系统安装与调试,完成表3-23。

安装与调试　　　　　　　　　　　　　　　　表3-23

序号	行 动 步 骤	实 施 人 员	实 际 用 时	计 划 工 时
1				
2				
3				
4				
5				
6				
7				
8				

独立工作:选用万用表对电气系统进行短路检查。在表3-24中记录常规检查关键点和结果。

检查关键点和结果　　　　　　　　　　　　　表3-24

步骤	检 查 关 键 点	测 量 方 式	结 果 处 理
1			
2			
3			
4			
5			
6			
7			
8			

5　控制(查漏补缺、质量检测)

个人/小组工作:明确检测要素与整改措施,完成表3-25。

检测要素与整改措施　　　　　　　　　　　　表3-25

序号	检 测 要 素	技 术 标 准	是 否 完 成	整 改 措 施
1				
2				
3				
4				
5				
6				

小组工作:检查各小组的工作过程实施情况,完成表3-26。

工 作 实 施 情 况　　　　　　　　　　　表 3-26

检查项目	检查结果			需完善点	其　他
	个人检查	小组检查	教师检查		
工时执行					
5S 执行					
质量成果					
学习投入					
获取知识					
技能水平					
安全、环保					
设备使用					
突发事件					

6　评价(总结过程、任务评估)

小组工作:将自己的总结向别的同学介绍,描述收获、问题和改进措施。在一些工作完成不尽意的地方,征求意见。

(1)收获。

(2)问题。

(3)别人给自己的意见。

（4）改进措施。

自评和互评：小组之间按照评分标准进行工作过程自评和互评，完成表3-27。

自 评 和 互 评　　　　　　　　　　　　　　　　表3-27

班级		被评组名		日期		
评价指标	评价要素			分数	自评分数	互评分数
信息检索	该组能否有效利用网络资源、工作手册查找有效信息			5		
	该组能否用自己的语言有条理地去解释、表述所学知识			5		
	该组能否对查找到的信息有效转换到工作中			5		
感知工作	该组能否熟悉自己的工作岗位，认同工作价值			5		
	该组成员在工作中，是否获得满足感			5		
参与状态	该组与教师、同学之间是否相互尊重、理解、平等			5		
	该组与教师、同学之间是否能够保持多向、丰富、适宜的信息交流			5		
	该组能否处理好合作学习和独立思考的关系，做到有效学习			5		
	该组能否提出有意义的问题或能发表个人见解；能按要求正确操作；能够倾听、协作分享			5		
	该组能否积极参与，在产品加工过程中不断学习，综合运用信息技术的能力提升很多			5		
学习方法	该组的工作计划、操作技能是否符合规范要求			5		
	该组是否获得了进一步发展的能力			5		
工作过程	该组是否遵守管理规程，操作过程符合现场管理要求			5		
	该组平时上课的出勤情况和每天完成工作任务情况			5		
	该组成员是否能加工出合格工件，并善于多角度思考问题，能主动发现、提出有价值的问题			15		
思维状态	该组是否能发现问题、提出问题、分析问题、解决问题、创新问题			5		
自评反馈	该组能严肃认真地对待自评，并能独立完成自测试题			10		
总分数				100		
简要评述						

教师总评:教师按照评分标准对各小组进行任务工作过程总评,完成表3-28。

总　评　　　　　　　　　　　表3-28

班级				组名		姓名	
出勤情况							
一	信息	口述或书面梳理工作任务要点	1.表述仪态自然、吐字清晰	15		表述仪态不自然或吐字模糊扣5分	
			2.工作页表述思路清晰、层次分明、准确			表述思路模糊或层次不清扣5分,分工不明扣5分	
二	计划	绘制电气原理图并拟订物料清单	1.图样关键点准确	15		表述思路或层次不清扣5分	
			2.制订计划及清单清晰合理			计划及清单不合理扣5分	
	决策	绘制电气接线图并制订工艺计划	1.接线图准确无误 2.制订合理工艺	20		一处计划不合理扣2分,扣完为止	
三	实施	安装准备	1.工具、元器件、辅材准备	2		每漏一项扣1分	
		电气安装	2.正确选择电气元件、工具及辅材	3		选择错误扣1分,扣完为止	
			3.正确实施计划无失误(依据零件评分表)	15			
		现场	4.在工作过程中保持6S、设备、工具、量具、刀具、工位现场恢复整理	10		每出现一项扣1分,扣完此项配分为止	
四	控制		正确读取和测量加工数据并正确分析测量结果	10		能自我正确检测工件并分析原因,错一项扣1分,扣完为止	
五	评价	工作过程评价	1.依据自评分数	5			
			2.依据互评分数	5			
六			合计	100			

📖 复习提高

1. X8120W型单柱铣床的主要运动是什么?

2. X8120W 型单柱铣床主轴电动机的主电路和控制电路分别在几号线路上？

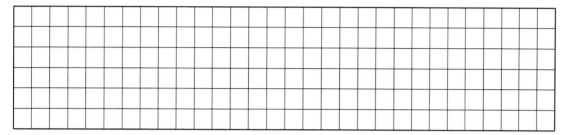

3. X8120W 型单柱铣床主轴电动机的常见故障有哪些？

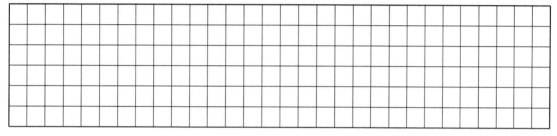

4. X8120W 型单柱铣床工作台运动控制有什么特点？在电气与机械上是如何实现工作台的运动控制的？

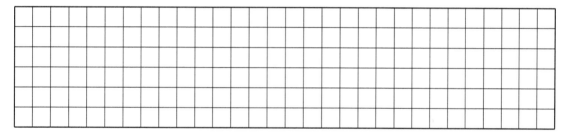

5. 简述 X8120W 型单柱万能铣床圆工作台电气控制的工作原理。

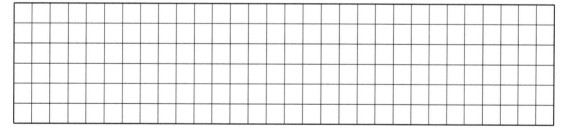

6. 分析铣床工作台能向前、向后、向上、向下进给，但不能向左、向右进给的故障。

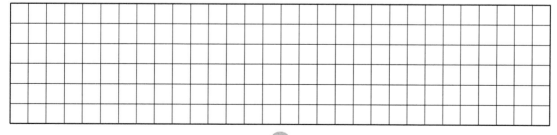

7.电磁离合器主要由哪几部分组成？工作原理是什么？

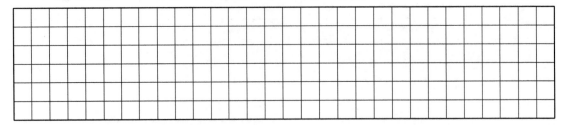

8.铣床在变速时,为什么要进行冲动控制？

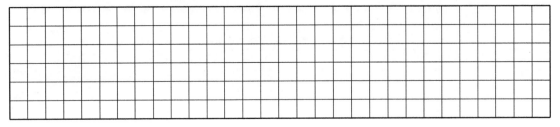

9.X8120W 型万能铣床具有哪些联锁和保护？为什么要有这些联锁和保护？

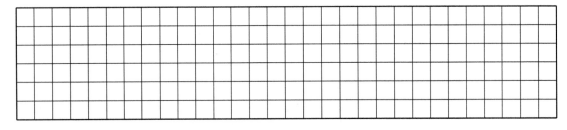

模块四　简单电气系统的 PLC 控制

学习情境 4-1　三相异步电动机点动与连续运行的 PLC 控制

 学习目标

知识目标：

1. 掌握 PLC 的基本结构和标识；

2. 掌握 PLC I/O 接口知识；

3. 掌握 PLC 接线图画法；

4. 掌握输入与输出信号及地址分配方法；

5. 掌握基础 PLC 梯形图和语句表编程方法。

能力目标：

1. 能够接受工作任务，合理收集专业知识信息；

2. 能够进行小组合作，制订小组工作计划；

3. 能够识读并分析电气原理图并拟订 I/O 分配表；

4. 能够绘制 PLC 接线图；

5. 能够拟订 PLC 控制系统物料清单；

6. 能够编制梯形图和语句表；

7. 能够运用 PLC 编程软件编制程序进行仿真；

8. 有实训条件允许情况下能够搭建完整 PLC 控制系统并进行编程和调试；

9. 能够进行学习成果展示和汇报。

素养目标：

能够考虑安全与环保因素，遵守工位 5S 与安全规范。

 知识模块

　　PLC 是在继电接触器控制和计算机控制基础上开发的工业自动化控制装置，是一种数字运算操作的电子控制系统，专门为在工业环境下应用设计的，具有可靠性高、设计施工周期短、维修方便、性价比高等优点。目前，在普通机床电气控制系统产品升级、技术改造领域已得到广泛应用。本情境介绍利用西门子 S7-200 系列 PLC 对常用普通机床电气控制系统进行技术改造的工程案例。

1 基于接触器的三相异步电动机的连续控制过程

当启动按钮松开后,接触器通过自身的辅助动合触点使其线圈继续保持得电的作用称为自锁。与启动按钮并联起自锁作用的辅助动合触点称为自锁触头。利用自锁、自锁触头概念。可构成三相异步电动机连续运转控制线路,典型控制线路如图 4-1 所示。该线路具有电动机连续运转控制、欠压和失压(或零压)保护功能,是各种机床电气控制线路的基本控制线路。

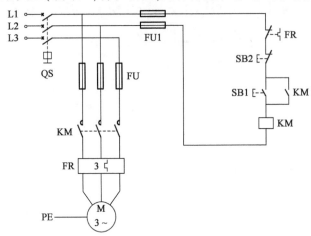

图 4-1 三相异步电动机连续运行控制电气原理图

1.1 工作原理

该控制线路工作原理如下:

(1)合上电源开关 QS。

(2)启动:按下 SB1—KM 线圈得电—KM 主触头和自锁触头闭合—M 启动连续运行。

(3)停止:按下 SB2—KM 线圈失电—KM 主触头和自锁触头断开—M 停止连续运行。

(4)欠压保护。欠压是指线路电压低于电动机应加的额定电压。欠压保护是指当线路电压下降到某一数值时,电动机能自动脱离电源停转,避免电动机在欠压状态下运行的一种保护措施。最常用的欠压保护是由接触器来实现的。其保护原理如下:当线路电压下降到一定值(一般指低于额定电压的85%)时,接触器线圈两端的电压也同样下降到此值,使接触器线圈磁通减弱,产生的电磁吸力减小。当电磁吸力减小到小于反作用弹簧的拉力时,动铁芯被迫释放,主触头和辅助动合触点(自锁触头)同时分断,自动切断主电路和控制电路,电动机失电停转,从而实现了欠压保护功能。

(5)失压(或零压)保护。失压保护是指电动机在正常运行中,由于外界某种原因引起突然断电时,能自动切断电动机电源;当重新供电时,保证电动机不能自行启动的一种保护措施。最常用的失压保护也是由接触器来实现的。

1.2 任务分析

(1)功能要求。

用 PLC 按图 4-1 控制电路要求编程,即按下控制按钮 SB1,电动机 M 启动运转,再按下控制按钮 SB2,电动机 M 停止运转。具有电动机过载保护措施。

（2）电气元件及功能说明,见表 4-1。

电气元件及功能说明　表 4-1

符　号	名称及用途	符　号	名称及用途
QS	空气开关	SB2	M 停止按钮
FU1	熔断器	M	三相异步电动机 M
SB1	M 启动按钮	KM	交流接触器

（3）I/O 地址分配表,见表 4-2。

I/O 地址分配　表 4-2

输　入　信　号			输　出　信　号		
电气元件	地址	功能	电气元件	地址	功能
SB1	I0.1	M 启动	KM	Q0.0	M 接触器
SB2	I0.2	M 停止			

（4）PLC 输入/输出接线图,如图 4-2 所示。

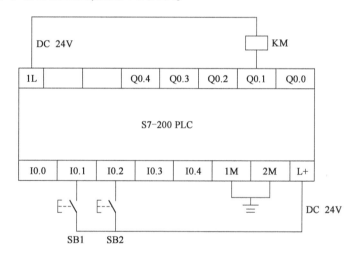

图 4-2　三相异步电动机连续运行 PLC 接线图

1.3　PLC 控制程序

（1）梯形图程序,如图 4-3 所示。

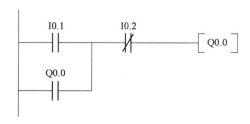

图 4-3　三相异步电动机连续运行 PLC 控制梯形图

（2）语句表程序。

网络1

LD　I0.1

O　　Q0.0

AN　I0.2

=　　Q0.0

1　信息（创设情境、提供资讯）

控制电路部分在实现电动机点动功能同时，并联了能够实现电动机单向连续运行控制功能，为三相异步电动机单向与连续运行控制。

对图4-4所示电动机点动与连续运行控制进行PLC改造，并提出包括I/O分配表、PLC接线图、物料清单、梯形图和语句表在内的系统解决方案。

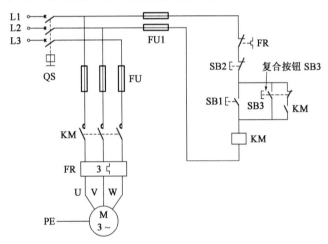

图4-4　三相异步电动机点动与连续运行控制电气原理图

独立学习：观察现场PLC设备（图4-5），根据实际型号填写表4-3。

图4-5　西门子S7-200 PLC

内　容　　　　　　　　　　　　表 4-3

项　　目	内　　容
说明 PLC 上状态指示灯每个指示灯显示功能	
型号含义	
通信口功能	
I/O 指示灯对应的 I/O 地址	
端子功能	

小组讨论:简要概述 PLC 的工作特点。

2 计划(分析任务、制订计划)

小组讨论:讨论并填写出 PLC 控制的电动机单向连续运行控制的 I/O 地址分配表,完成表 4-4。

I/O 地址分配 表 4-4

设备器件名称	I/O 地址	符 号 名	数 据 类 型	功 能 描 述

个人/小组讨论:绘制电动机单向连续运行 I/O 设备与 PLC 的接线图。

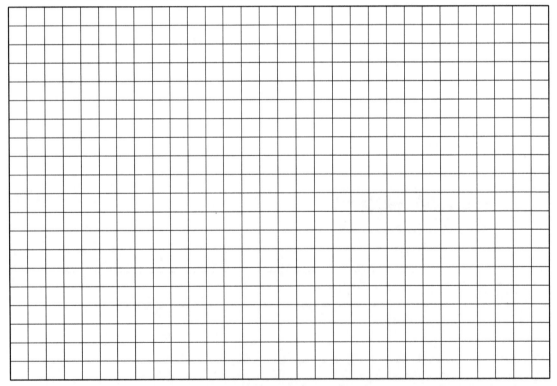

个人/小组工作:列出电动机单向连续运行的 PLC 控制系统安装所需元器件、工具及材料清单,完成表 4-5。

清　单

表 4-5

序号	名　　称	符　　号	型　　号	数　　量	规　　格
1					
2					
3					
4					
5					
6					
7					
8					
9					
10					

3　决策(集思广益、作出决定)

个人/小组讨论:绘制电动机单向连续运行的梯形图。

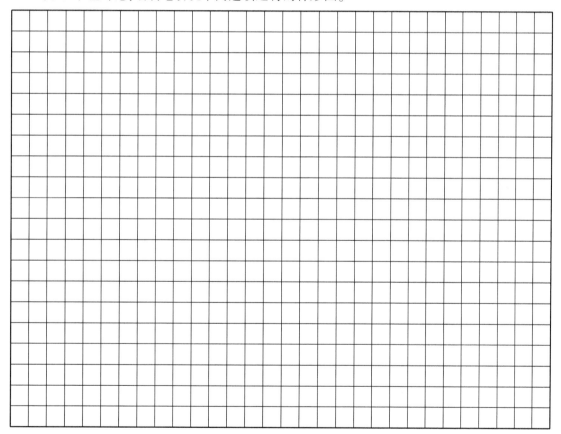

制订电动机单向连续运行的 PLC 控制系统安装项目小组工作计划表,确认成员分工及计划时间,完成表4-6。

成员分工及计划时间　　　　　　　　　　　　　　　　表 4-6

序号	工 作 计 划	职 责	人 员	计 划 工 时	备 注
1					
2					
3					
4					
5					
6					
7					
8					
9					
10					

4　实施(分工合作、沟通交流)

小组工作:按工作计划实施电动机单向连续运行的 PLC 控制系统安装与调试,见表 4-7。

安 装 与 调 试　　　　　　　　　　　　　　　　表 4-7

序号	行 动 步 骤	实 施 人 员	实 际 用 时	计 划 工 时
1				
2				
3				
4				
5				
6				
7				
8				

5　控制(查漏补缺、质量检测)

小组自检:对照评测标准检查,见表 4-8。

评 测 标 准　　　　　　　　　　　　　　　　表 4-8

序号	自检(要求按序号顺序完成,完成打√,没有完成打×)	
1	在断电情况下检查控制系统是否存在短路现象	☐
2	接通控制的电源	☐
3	将控制装置置为模式"STOP(停止)"	☐
4	测量值是否正常	☐
5	如果为"不正常",那么列出理由	☐

如果发现不正常现象,说明原因,完成表 4-9。

小组自检 表4-9

工作元件/控制电压	状态	端子的测量	电压额定值(V)	测量值是否正常
工作电压	接通	L 至 M	24	
开关/控制电压	接通	开关常开触点至 M	24	
按钮/控制电压	接通	按钮常开触点至 M	24	
结果		正常□	不正常□	

6　评价(总结过程、任务评估)

小组工作:将自己的总结向别的同学介绍,描述收获、问题和改进措施。在一些工作完成不尽意的地方,征求意见。

(1)收获。

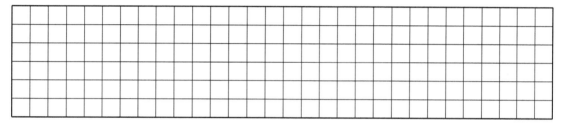

(2)问题。

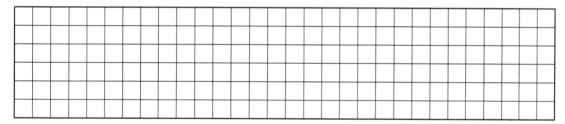

(3)别人给自己的意见。

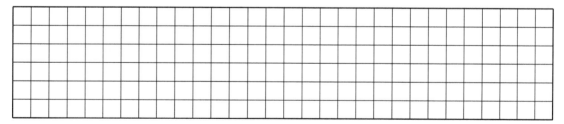

(4)改进措施。

自评和互评:小组之间按照评分标准进行工作过程自评和互评,完成表4-10。

自 评 和 互 评   表4-10

班级		被评组名		日期			
评价指标	评价要素				分数	自评分数	互评分数
信息检索	该组能否有效利用网络资源、工作手册查找有效信息				5		
	该组能否用自己的语言有条理地去解释、表述所学知识				5		
	该组能否对查找到的信息有效转换到工作中				5		
感知工作	该组能否熟悉自己的工作岗位,认同工作价值				5		
	该组成员在工作中,是否获得满足感				5		
参与状态	该组与教师、同学之间是否相互尊重、理解、平等				5		
	该组与教师、同学之间是否能够保持多向、丰富、适宜的信息交流				5		
	该组能否处理好合作学习和独立思考的关系,做到有效学习				5		
	该组能否提出有意义的问题或能发表个人见解;能按要求正确操作;能够倾听、协作分享				5		
	该组能否积极参与,在产品加工过程中不断学习,综合运用信息技术的能力提升很多				5		
学习方法	该组的工作计划、操作技能是否符合规范要求				5		
	该组是否获得了进一步发展的能力				5		
工作过程	该组是否遵守管理规程,操作过程符合现场管理要求				5		
	该组平时上课的出勤情况和每天完成工作任务情况				5		
	该组成员是否能加工出合格工件,并善于多角度思考问题,能主动发现、提出有价值的问题				15		
思维状态	该组是否能发现问题、提出问题、分析问题、解决问题、创新问题				5		
自评反馈	该组能严肃认真地对待自评,并能独立完成自测试题				10		
总分数					100		
简要评述							

教师总评:教师按照评分标准对各小组进行任务工作过程总评,完成表4-11。

总 评 表4-11

班级			组名			姓名	
出勤情况							
一	信息	口述或书面梳理工作任务要点	1.表述仪态自然、吐字清晰	25	表述仪态不自然或吐字模糊扣5分		
			2.工作页表述思路清晰、层次分明、准确		表述思路模糊或层次不清扣5分,分工不明确扣5分		
二	计划	填写I/O分配表及绘制PLC接线图	1.I/O分配表准确无误 2.PLC接线图准确无误	15	表述思路或层次不清扣5分		
			3.制订计划及清单清晰合理		计划及清单不合理扣5分		
	决策	制订工艺计划	1.制订合理工艺 2.制订合理程序	10	一处计划不合理扣3分,扣完为止		
三	实施	安装准备	工具、元器件、辅材准备	4	每漏一项扣1分		
		PLC控制系统安装与调试	1.元器件安装是否牢固 2.显示元器件符合专业连接 3.所有电气线路、芯线符合专业的敷设(包括电缆槽中) 4.导线的剥线和芯线端头的固定 5.软件使用(工程创建,指令输入) 6.通信设置并下载 7.功能是否与控制要求一致	25	错误一处扣1分,扣完为止		
		设备、工具、量具、刀具、工位恢复整理		6	每违反一项扣1分,扣完此项配分为止		
四	控制		正确读取和测量加工数据并正确分析测量结果	5	能自我正确检测要点并分析原因,错一项,扣1分,扣完为止		
五	评价	工作过程评价	1.依据自评分数	5			
			2.依据互评分数	5			
六			合计	100			

 复习提高

1.CPU逐条执行程序,将扫描结果放到( )。

　A.输入映象寄存器 　　　　　B.输出映象寄存器

　C.中间寄存器 　　　　　　　D.辅助寄存器

2.用来衡量PLC控制规模大小的是( )。

　A.I/O点数 　　B.扫描速度 　　C.存储器容量 　　D.扩展性

3.用来衡量 PLC 响应速度快慢的是(　　)。

    A.I/O 点数　　　　　　B.扫描速度　　　　　　C.存储器容量　　　　D.扩展性

4.PLC 最常用的编程语言是(　　)。

    A.汇编语言　　　　　B.梯形图　　　　　　C.语句表　　　　　　D.功能图

5.下面关于 S7-200 语句表指令表述正确的是(　　)。

    A.LD:取反后装载(开始常闭触点)　　　　B.A:取反后与(串联常闭触点)

    C.ON:取反后与(串联常闭触点)　　　　D.LDN:取反后装载(开始常闭触点)

6.列举目前全球主流的 PLC 品牌或厂家。

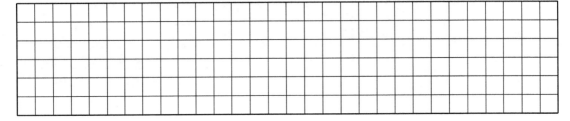

学习情境 4-2　三相异步电动机正反转运行的 PLC 控制

 学习目标

知识目标:

1.掌握 PLC 的基本结构和标识;

2.掌握 PLC 输入输出接口知识;

3.掌握 PLC 接线图画法;

4.掌握输入与输出信号及地址分配方法;

5.掌握基础 PLC 梯形图和语句表编程方法。

能力目标:

1.能够接受工作任务,合理收集专业知识信息;

2.能够进行小组合作,制订小组工作计划;

3.能够识读并分析电气原理图并拟订 I/O 分配表;

4.能够绘制 PLC 接线图;

5.能够拟定 PLC 控制系统物料清单;

6.能够编制梯形图和语句表;

7.能够运用 PLC 编程软件编制程序进行仿真;

8.有实训条件允许情况下能够搭建完整 PLC 控制系统并进行编程和调试;

9.能够进行学习成果展示和汇报。

素养目标:

能够考虑安全与环保因素,遵守工位 5S 与安全规范。

本情境介绍利用西门子S7-200系列PLC对常用普通机床电气控制系统进行技术改造的工程案例。

1　基于接触器联锁的正、反转控制

所谓联锁,是指当一个接触器得电动作时,通过其辅助动断触点使另一个接触器不能得电动作的这种相互制约的作用,也称为互锁。实现联锁功能的辅助动断触点称为联锁触头。

1.1　电路结构及主要电气元件作用

由图4-6可知,该控制线路主电路由接触器KM1、KM2主触头、热继电器FR热元件和电动机M组成。实际应用时,KM1、KM2主触头分别控制交流电动机M正转电源与反转电源的接通和断开,热继电器KR实现电动机M过载保护功能。控制电路由热继电器FR动断触点、停止按钮SB3、正转启动按钮SB1、反转启动按钮SB2、接触器KM1、KM2线圈及辅助动断触点、辅助动合触点组成。其中,KM1、KM2辅助动合触点为自锁触头,实现自锁功能;KM1、KM2辅助动断触点为联锁触头,实现联锁功能。

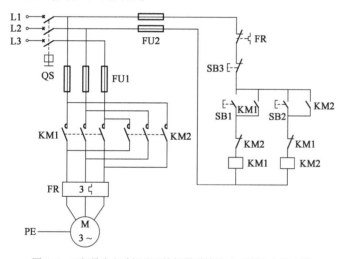

图4-6　三相异步电动机基于接触器联锁的正、反转电气原理图

1.2　工作原理

该控制线路工作原理如下:

(1)先合上电源开关QS。

(2)正转控制:按下SB1—KM1线圈得电—KM1主触头和自锁闭合/KM1联锁触头分断对KM2联锁—电动机M启动连续正转。

(3)反转控制:按下SB3—KM1线圈失电—KM1主触头和自锁断开/KM1联锁触头恢复闭合并解除对KM2联锁—电动机M失电停止运转—再按下SB2—KM2线圈得电—KM2主触头和自锁闭合/KM2联锁触头分断对KM1联锁—电动机M启动连续反转。

（4）停止：按下停止按钮 SB3—控制电路失电—KM1（或 KM2）触头系统复位电动机 M 失电停转。

（5）停止使用时，断开电源开关 QS。

1.3　任务分析

（1）控制功能。

用 PLC 按图 4-6 控制电路要求编程，即按下控制按钮 SB1，电动机 M 启动运转，再按下控制按钮 SB2，电动机 M 停止运转。具有电动机过载保护措施。

（2）电气元件及功能说明，见表 4-12。

电气元件及功能说明　　　　　　　　　　　表 4-12

符　号	名称及用途	符　号	名称及用途
QS	空气开关	SB1	M 正转启动按钮
FU1	熔断器	SB2	M 反转启动按钮
FR	热继电器	KM1	M 正转交流接触器
M	三相异步电动机 M	KM2	M 反转交流接触器
SB3	M 停止按钮		

（3）I/O 地址分配，见表 4-13。

I/O 地址分配　　　　　　　　　　　表 4-13

输　入　信　号			输　出　信　号		
电气元件	地址	功能	电气元件	地址	功能
SB3	I0.3	M 停止	KM1	Q0.1	M 正转接触器
SB1	I0.1	M 正转启动	KM2	Q0.2	M 反转接触器
SB2	I0.2	M 反转启动			

（4）PLC 输入输出接线图，如图 4-7 所示。

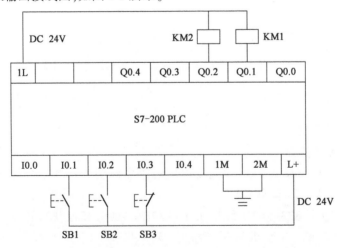

图 4-7　基于接触器联锁的三相异步电动机正、反转 PLC 控制接线图

1.4 PLC控制程序

（1）梯形图程序，如图4-8所示。

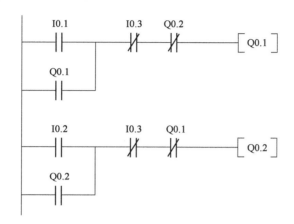

图4-8 基于接触器联锁的三相异步电动机正、反转PLC控制梯形图

（2）语句表程序。

网络1   2

LD	I0.1
O	Q0.1
AN	I0.3
AN	Q0.2
=	Q0.1
	网络
LD	I0.2
O	Q0.2
AN	I0.3
AN	Q0.1
=	Q0.2

学习情境

1 信息（创设情境、提供资讯）

基于按钮、接触器的双重互锁电机正反转控制电路如图4-9所示，该控制线路也具有电动机正、反转控制，过流保护和过载保护等功能，且可克服接触器联锁正、反转控制线路和按钮联锁正、反转控制线路的不足。

控制电路部分在接触器KM1线圈回路中串接了接触器KM2辅助常闭触点和SB2反转启动常闭触点；接触器KM2线圈回路中串接了接触器KM1辅助常闭触点和SB1正转启动常闭触点，从而实现双重互锁功能。

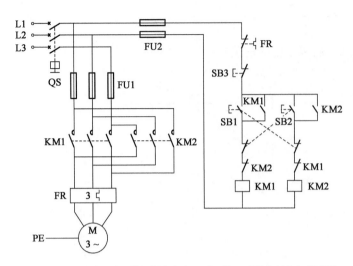

图 4-9　三相异步电动机带机械与电气双重互锁正反转控制电气原理图

对下述电动机双重联锁正反转运行控制进行 PLC 改造,并提出包括 I/O 分配表、PLC 接线图、物料清单、梯形图和语句表在内的系统解决方案。

个人/小组讨论:绘制电动机正反转运行的电气控制原理图。

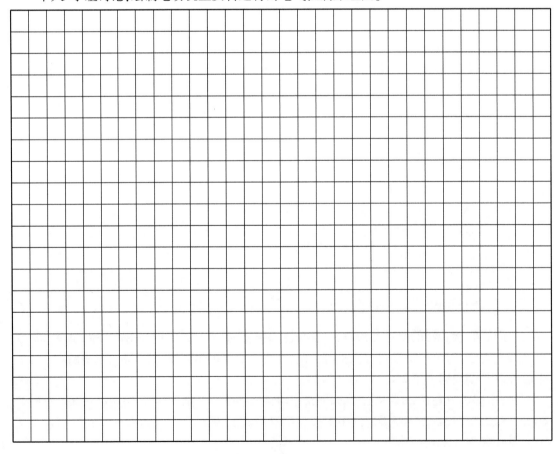

个人/小组讨论:描述三相异步电机正反转运行的工作原理,分启动和停止两个阶段分别描述。

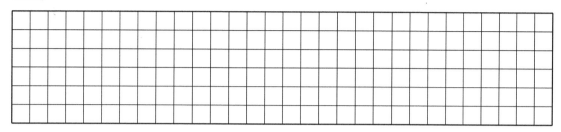

2　计划(分析任务、制订计划)

小组讨论:讨论并填写出 PLC 控制的电动机双重联锁正反转运行控制的 I/O 地址分配表,完成表4-14。

I/O 地址分配　　　　　　　　　　　　　　表4-14

设备器件名称	I/O 地址	符　号　名	数 据 类 型	功 能 描 述

个人/小组讨论:绘制电动机双重联锁正反转运行 I/O 设备与 PLC 的接线图。

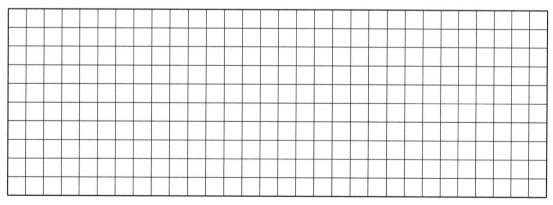

个人/小组工作:列出电动机双重联锁正反转运行的 PLC 控制系统安装所需元器件、工具及材料清单,完成表4-15。

清　单　　　　　　　　　　　　　　　　　　表4-15

序号	名　称	符　号	型　号	数　量	规　格
1					
2					
3					
4					
5					
6					
7					
8					
9					
10					

3　决策(集思广益、作出决定)

个人/小组讨论:绘制电动机双重联锁正反转运行的梯形图。

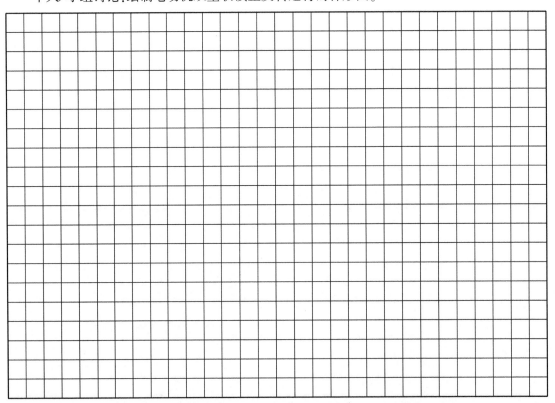

个人/小组讨论:制订电动机双重联锁正反转运行的 PLC 控制系统安装项目小组工作计划表,确认成员分工及计划时间,见表4-16。

成员分工及计划时间　　　　　　　　　　　表4-16

序号	工 作 计 划	职 责	人 员	计 划 工 时	备 注
1					
2					
3					
4					
5					
6					
7					
8					
9					
10					

4　实施(分工合作、沟通交流)

小组工作:按工作计划实施电动机双重联锁正反转运行的 PLC 控制系统安装与调试,完成表4-17。

安 装 与 调 试　　　　　　　　　　　　表4-17

序号	行 动 步 骤	实施人员	实际用时	计划工时
1				
2				
3				
4				
5				
6				
7				
8				

5　控制(查漏补缺、质量检测)

小组自检:对照评测标准检查,见表4-18。

评 测 标 准　　　　　　　　　　　　表4-18

序号	自检(要求按序号顺序完成,完成打√,没有完成打×)	
1	在断电情况下检查控制系统是否存在短路现象	☐
2	接通控制的电源	☐
3	将控制装置置为模式"STOP(停止)"	☐
4	测量值是否正常	☐
5	如果为"不正常"那么列出理由	☐

如果发现不正常现象,请说明原因,完成表4-19。

不正常现象原因　　　　　　　　　　　　　　　　　　　　表4-19

工作元件/控制电压	状态	端子的测量	电压额定值(V)	测量值是否正常
工作电压	接通	L 至 M	24	
开关/控制电压	接通	开关常开触点至 M	24	
按钮/控制电压	接通	按钮常开触点至 M	24	
结果		正常□		不正常□

6　评价(总结过程、任务评估)

小组工作:将自己的总结向别的同学介绍,描述收获、问题和改进措施。在一些工作完成不尽意的地方,征求意见。

(1)收获。

(2)问题。

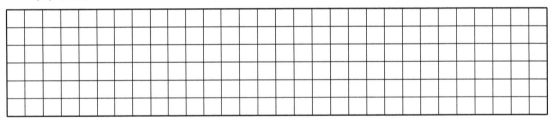

(3)别人给自己的意见。

(4)改进措施。

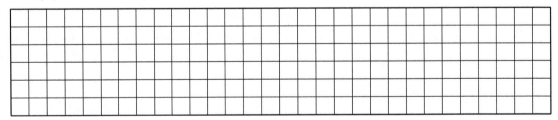

自评和互评:小组之间按照评分标准进行工作过程自评和互评,完成表4-20。

自 评 和 互 评　　　　　　　　　　　　　　　　表4-20

班级		被评组名		日期			
评价指标	评价要素				分数	自评分数	互评分数
信息检索	该组能否有效利用网络资源、工作手册查找有效信息				5		
	该组能否用自己的语言有条理地去解释、表述所学知识				5		
	该组能否对查找到的信息有效转换到工作中				5		
感知工作	该组能否熟悉自己的工作岗位,认同工作价值				5		
	该组成员在工作中,是否获得满足感				5		
参与状态	该组与教师、同学之间是否相互尊重、理解、平等				5		
	该组与教师、同学之间是否能够保持多向、丰富、适宜的信息交流				5		
	该组能否处理好合作学习和独立思考的关系,做到有效学习				5		
	该组能否提出有意义的问题或能发表个人见解;能按要求正确操作;能够倾听、协作分享				5		
	该组能否积极参与,在产品加工过程中不断学习,综合运用信息技术的能力提升很多				5		
学习方法	该组的工作计划、操作技能是否符合规范要求				5		
	该组是否获得了进一步发展的能力				5		
工作过程	该组是否遵守管理规程,操作过程符合现场管理要求				5		
	该组平时上课的出勤情况和每天完成工作任务情况				5		
	该组成员是否能加工出合格工件,并善于多角度思考问题,能主动发现、提出有价值的问题				15		
思维状态	该组是否能发现问题、提出问题、分析问题、解决问题、创新问题				5		
自评反馈	该组能严肃认真地对待自评,并能独立完成自测试题				10		
总分数					100		
简要评述							

教师总评:教师按照评分标准对各小组进行任务工作过程总评,完成表4-21。

总　评　　　　　　　　　　　　　　　　表4-21

班级			组名			姓名	
出勤情况							
一	信息	口述或书面梳理工作任务要点	1.表述仪态自然、吐字清晰	25	表述仪态不自然或吐字模糊扣5分		
			2.工作页表述思路清晰、层次分明、准确		表述思路模糊或层次不清扣5分,分工不明确扣5分		
二	计划	填写I/O分配表及绘制PLC接线图	1.I/O分配表准确无误 2.PLC接线图准确无误	15	表述思路或层次不清扣5分		
			3.制订计划及清单清晰合理		计划及清单不合理扣5分		
	决策	制订工艺计划	1.制订合理工艺 2.制订合理程序	10	一处计划不合理扣3分,扣完为止		
三	实施	安装准备	工具、元器件、辅材准备	4	每漏一项扣1分		
		PLC控制系统安装与调试	1.元器件安装是否牢固 2.显示元器件符合专业连接 3.所有电气线路、芯线符合专业的敷设(包括电缆槽中) 4.导线的剥线和芯线端头的固定 5.软件使用(工程创建,指令输入) 6.通信设置并下载 7.功能是否与控制要求一致	25	错误一处扣1分,扣完为止		
			设备、工具、量具、刀具、工位恢复整理	6	每违反一项扣1分,扣完此项配分为止		
四	控制		正确读取和测量加工数据并正确分析测量结果	5	能自我正确检测要点并分析原因,错一项,扣1分,扣完为止		
五	评价	工作过程评价	1.依据自评分数	5			
			2.依据互评分数	5			
六			合计	100			

 复习提高

1. PLC 的工作方式是(　　　)。
   A. 等待工作方式　　　　　　　　　B. 中断工作方式
   C. 扫描工作方式　　　　　　　　　D. 循环扫描工作方式
2. 下列不属于 PLC 硬件系统组成的是(　　　)。
   A. 用户程序　　　　　　　　　　　B. 输入输出接口

C. 中央处理单元 　　　　　　　　　　D. 通信接口

3. 下面的编程元件中是输出继电器的是(　　　)。

A. I 　　　　　　B. Q 　　　　　　C. M 　　　　　　D. SM

4. 用来衡量 PLC 产品水平高低的是(　　　)。

A. I/O 点数 　　　B. 扫描速度 　　　C. 存储器容量 　　　D. 扩展性

5. 下面关于 S7-200 语句表指令表述错误的是(　　　)。

A. LD:装载(开始常开触点) 　　　　　B. 与(串联常开触点)

C. ON:取反后与(串联常闭触点) 　　　D. LDN:取反后装载(开始常闭触点)

6. 在 PLC 编程元件中,输入继电器与输出继电器有何作用?

7. 列出西门子 PLC 产品系列(5 种)。

8. 阐述 PLC 控制系统和传统的继电接触器控制系统有何区别?

9. 阐述 PLC 中两种最基本的编程语言,各有什么特点?

附　　录

名　称	符号	图形符号	名　称	符号	图形符号
继电器线圈	KA		接触器线圈	KM	
过流继电器线圈	KI	I>	欠流继电器线圈	KI	I<
过压继电器线圈	KV	U>	过压继电器线圈	KV	U<
动合(常开)触点	KA KM KI KV		动断(常闭)触点	KA KM KI KV	
延时闭合的动合(常开)触点	KT		延时断开的动断(常闭)触点	KT	

名　　　称	符号	图形符号	名　　　称	符号	图形符号
动合(常开)按钮	SB		动断(常闭)按钮	SB	
接触器的主触点	KM		断路器	QS QF	
行程开关常闭触点	SQ		行程开关常开触点	SQ	
熔断器	FU		热继电器的热元件	FR	
三极断路器	QS		热继电器常闭触点	FR	
三级熔断器式隔离开关	QS		三级熔断器式隔离开关	QS	

名　称	符号	图形符号	名　称	符号	图形符号
温度开关		θ	液位开关		
电动机	M	M	接机壳		或
接地	PE		中性点引出的星形连接的三相绕组	Y	
三角形连接的三相绕组	△		星形连接的三相绕组	Y	
三相串励换向器电动机	M	M 3~	三相绕线转子异步电动机	M	M 3~
双绕组变压器	TC	或	三绕组变压器	TC	或
自耦变压器	TM	或	电抗器	L	或

参 考 文 献

[1] F.劳瑞尔.学习领域课程开发手册[M].北京:高等教育出版社,2018.

[2] 姜大源.当代德国职业教育主流教学思想研究[M].北京:清华大学出版社,2007.

[3] 姜大源.职业教育要义[M].北京:北京师范大学出版社,2017.

[4] 荆瑞红,陈友广.电气安装规划与实施[M].北京:北京理工大学出版社,2018.

[5] 周元一.电机与电气控制[M].北京:北京工业出版社,2006.

[6] 赵红顺.电气控制技术实训[M].北京:北京工业出版社,2010.

[7] 李响初,彭坤,刘艺群.机床电气控制线路260例[M].北京:中国电力出版社,2008.

[8] 机械工业职业技能鉴定指导中心编.高级维修电工技术[M].北京:机械工业出版社,1999.

[9] 贺哲荣.机床电气控制线路图识图技巧[M].北京:机械工业出版社,2005.

[10] 贺哲荣.机床电气控制线路图识图技巧[M].北京:机械工业出版社,2005.

[11] 肖峰.PLC编程100例[M].北京:中国电力出版社,2009.

[12] 张普庆.电动机及控制线路[M].北京:化学工业出版社,2007.

[13] 王建明,等.电机与机床电气控制[M].北京:北京理工大学出版社,2008.

[14] 蒋乃平."宽基础、活模块"课程的开发与研究[M].北京:高等教育出版社,2004.

[15] 教育部高等教育司全国高职高专校长联席会.高等职业教育专业设置与课程开发导引[M].北京:高等教育出版社,2004.

[16] 马树超.强化市场导向意识,推进职业教育发展——德国"学习领域"改革的启示[J].中国职业技术教育,2002(10).